Las calaveras en la fuente

Una historia cuántica

Federico Rodríguez Lobato

BARKER & JULES

BARKER & JULES®

LAS CALAVERAS EN LA FUENTE

Edición: BARKER & JULES™
Diseño de Portada: Zaira Munizaga | BARKER & JULES™
Diseño de Interiores: Estefanía Nicté Estrada | BARKER & JULES™
Imágenes (a menos que con crédito): ©Depositphotos

Dirección creativa: Federico Rodríguez Lobato
Ilustración portada: Federico Rodríguez Lobato
autor.lascalaveras@gmail.com

Primera edición - 2022

I.S.B.N. Paperback | 978-1-64789-937-0
I.S.B.N. Hardcober | 978-1-64789-938-7
I.S.B.N. eBook | 978-1-64789-936-3

Derechos de Autor - Número de control Library of Congress: 1-11273007751

BARKER & JULES, LLC
3776 Howard Hughes Pkwy 549, Las Vegas, NV 89169
barkerandjules.com

Las calaveras en la fuente

Una historia cuántica

Federico Rodríguez Lobato

BARKER & JULES

Contenido

Comentario a la primera edición

Estimado lector:

Para el experto en literatura, el clasificar este libro como cuento, ensayo o novela deberá causarle problemas, pues además podría ubicarlo como dramático, narrativo o didáctico, así que, mi primera recomendación es que se lea sin etiquetarlo y tal vez, esperando lo inesperado.

El autor logra una narrativa sorprendentemente accesible en temas que son profundos y así nos lleva por el camino de una descripción sencilla, sin grandilocuencia ni términos pseudocientíficos, tocando grandes venas del pensamiento universal; desde la Creación, hasta la existencia de otras dimensiones, pasando por cuestiones apasionantes como la desaparición de los Mayas, la partícula de Higgs, la mecánica cuántica o la secuencia de Fibonacci y a todo le agrega una magnífica bibliografía y un Glosario para iniciarnos en las profundidades de los temas, todo esto envuelto en un humor natural y entrañable.

Hombre sencillo y discreto, Federico Rodríguez, no hace gala de su erudición con aburridas disertaciones o juicios implacables; apunta al tema, nos proporciona elementos inesperados y originales para profundizarlo y deja al lector lo demás.

El libro que está en tus manos, se podría ubicar en la línea de pensamiento de Louis Pauwels y Jaques Bergier;* es una invitación a aceptar que la realidad nos es desconocida y que en buena medida, -como señalan estos autores,- nuestra civilización, como toda civilización es un complot; y en él, numerosas divinidades de oropel ejercen su poder a través de nuestro consentimiento y al no cuestionarlas, nos cegamos al rostro fantástico de la realidad.

Es un libro que seguramente será releído, afortunadamente el propio autor nos amenaza con que es solo la primera parte de una trilogía. ¡Ojalá cumpla pronto su amenaza!

Federico Osorio

*El retorno de los brujos. (*Le Matain des Magiciens*) 1960

Ilustración: Federico Rodríguez Lobato

MAYA

Un agradecimiento
muy especial a mi hermana
Mtra. Marisela Rodríguez Lobato
por su invaluable ayuda en la corrección orto-
gráfica del texto. y a mis hijas la
Ing. Karina Rodríguez Stromsted por
su dirección en la publicación digital del libro
y a la **DG Valentina Rodríguez Stromsted**
por sus ilustraciones
y fotografías

Federico Rodríguez Lobato

Las calaveras en la fuente

Una historia cuántica

CDMX MMXXII

Guía para el glosario:

Estimado lector;

Alguna vez escuché que un error muy común entre los escritores, es asumir que el lector sabe de lo que uno está hablando, corriendo el riesgo de perder la comprensión necesaria al tema.

Para tratar de evitar este problema, tomé los conceptos y personajes históricos mencionados en la historia que no son de conocimiento común y los organicé en una tabla de fácil acceso al final del texto, donde se indica su número de referencia y las páginas del libro donde aparecen, pudiéndose encontrar al final de la historia, el glosario correspondiente

Las citas y comentarios son míos y van acompañados de palabras clave que sugiero; por lo cual y gracias al internet, será fácil para aquel que se interese por algún tema específico el poder investigarlo de manera más profunda.

Espero que les sea de utilidad.

Atentamente.
El autor.

A mis padres

María Luisa Lobato Manterola †

y

Manuel Rodríguez Manrique †

Y a mi hermana

Marisela Rodríguez Lobato

con quienes crecí disfrutando inolvidables
charlas de sobremesa donde todo
tema siempre fue debatido con libertad
y respeto.

A mis hijos

Carla, Paola, Kristian, Karina y Valentina

Con todo mi amor.

Imagen por microscopio electrónico que apareció impresa en *The Secret of the Golden Flower: A Chinese Book of Life* (El secreto de la flor dorada, Un libro chino de la vida) en la traducción al inglés de Richard Wilhelm y Cary F. Baynes. cuyo texto es atribuido a Lu Dongbin de la dinastía Tang y que versa acerca de las prácticas secretas de la visualización de la luz interior en las prácticas de la meditación china.

Publicado en marzo de 1970 por Mariner Books. Londres GB.

“

Hubo algo formado misteriosamente,
nacido antes que el cielo y la tierra…

Puede que sea la madre de miríada
de cosas.

No sé su nombre,

llamémoslo Tao.

”

Lao Tsé

Lao Tsé: Filósofo chino que vivió aproximadamente hace 4,500 años, autor del Tao Te Ching, libro de inagotable sabiduría y la escritura fundacional del Taoísmo.

I

Recuerde el alma dormida,
avive el seso e despierte
contemplando,
cómo se passa la vida,
cómo se viene la muerte
tan callando;
cuán presto se va el plazer,
cómo, después de acordado,
da dolor;
cómo, a nuestro parescer,
cualquiere tiempo passado
fue mejor.

Jorge Manrique
(1440-1479)
Verso I de las *"Coplas por la muerte de su padre, Don Rodrigo Manrique de Lara, Conde de Paredes y Gran Maestre de la Orden de Santiago"*
(1406-1476)

Ortografía original

IN MEMORIAM

Jorge Alberto Manrique Castañeda †
(1936-2016)

Tío entrañable que siempre enriqueció las reuniones familiares con su buen humor, extraordinario ingenio y charla fácil y profunda.

Fue profesor emérito de la UNAM; fundador y director del Museo Nacional de Arte (MUNAL) y director del Museo de Arte Moderno, además de director del Instituto de Investigaciones Estéticas de la UNAM, con un currículum demasiado extenso como para mencionarse aquí; autor de nueve libros y múltiples artículos acerca de historia e historia del arte; su partida ha sido una gran pérdida para el mundo de la cultura en México.

Algunas veces me instó a escribir, ahora estoy siguiendo su consejo.

Armando Pérez-Grovas Robles-Gil †
(1947-2016)

Amigo íntimo desde la juventud, compañero de mil aventuras y que siempre impresionó a todos los que lo conocimos por su alta moral y preclara inteligencia.

Egresado de Ciencias de la Comunicación en la Ibero, tuvo una meteórica carrera en el mundo de la comunicación en México, habiendo sido presidente de la AMAP (Asociación Mexicana de Agencias de Publicidad), Presidente del Consejo de la Comunicación y Vice-presidente de Publicidad Ferrer a la diestra del legendario Don Eulalio.

Al momento de su muerte era Secretario Técnico del Consejo Editorial Consultivo de El Universal.

Valentina Rodríguez Stromsted / Autorretrato / Acuarela

Prólogo:

Estimado lector:

Emprendí este trabajo impulsado por tres motivaciones básicas;

La primera surgió al cumplir sesenta y siete años en mayo del 2017, cuando me di cuenta de que del consejo* del maestro Confucio acerca de las tres cosas que todo ser humano debe realizar en la vida, aún me faltaba escribir un libro; por lo que me lo puse como meta.

La segunda, consecuentemente fue la de empeñar mi mejor esfuerzo para escribir algo que, de suerte, pudiese valer la pena ser leído y…

Esta última, que como hija de las anteriores de pronto germinó.

El otro día escuche en la radio una entrevista a un escritor, el cual explicaba que lo grandioso y bello de la literatura es que la voz del autor resuena en el lector; que la hace suya.

"Las Calaveras en la fuente" es solo una historia y nada más, y como tal hay que tomarla; en ella no pretendo proponer tésis, teoría o filosofía alguna, ni tampoco decirle a nadie que creer; es fruto de las cuestiones que me han intrigado durante esta vida y mis elucubraciones y devaneos personales al tratar de desentrañarlas y por lo tanto su propósito es únicamente el de contar una historia fantástica y ojalá entretenida.

Espero que les guste.

El autor.

CDMX, 1 de enero del 2022.

*Plantar un árbol, procrear un hijo y escribir un libro.

Neil deGrasse Tyson (Bronx, 5 de octubre de 1958) es un astrofísico, escritor y divulgador científico estadounidense. Actualmente es director del Planetario Hayden en el Centro Rose para la Tierra y el Espacio, es investigador asociado en el Departamento de Astrofísica del Museo Estadounidense de Historia Natural.

Tyson fue escogido para ser el anfitrión de la secuela del programa de televisión Cosmos, escrita y presentada originalmente por Carl Sagan.

"

En términos de la relación al más grande e impresionante hecho acerca del cuál no sabemos nada; están la materia oscura y la energía oscura, pues ignoramos lo que son, tanto la una como la otra.

Todo lo que sabemos y amamos acerca del universo y todas las leyes de la física como son aplicadas; solo se aplican al cuatro por ciento del universo.

"

Neil deGrasse Tyson

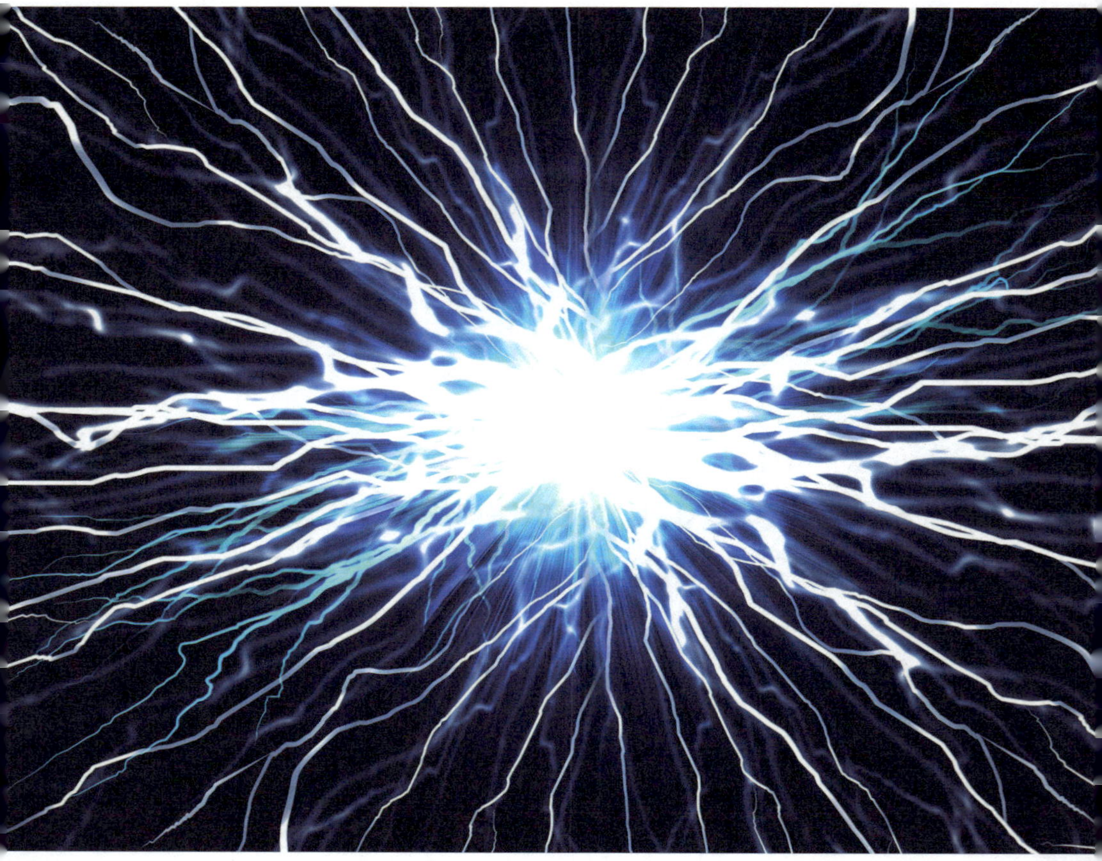

Max Planck (Ernst Karl Ludwig Planck; Kiel, actual Alemania, 1858 - Gotinga, Alemania, 1947) Físico alemán. Dotado de una extraordinaria capacidad para disciplinas tan dispares como las artes, las ciencias y las letras, se decantó finalmente por las ciencias puras, y siguió estudios de física en las universidades de Munich y Berlín; en ésta tuvo como profesores a Hermann von Helmholtz y a Gustav Kirchhoff.Max PlanckTras doctorarse por la Universidad de Munich con una tesis acerca del segundo principio de la termodinámica (1879), fue sucesivamente profesor en las universidades de Munich, Kiel (1885) y Berlín (1889), en la última de las cuales sucedió a su antiguo profesor, Kirchhoff. Enunció la ley de Wien (1896) y aplicó el segundo principio de la termodinámica, formulando a su vez la ley de la radiación que lleva su nombre (ley de Planck, 1900).

Fuente: www.biografiasyvidas.com/biografia/p/planck.htm/

“

Yo considero a la materia como derivativa de la consciencia. No podemos meternos detrás de la consciencia.

Todo de lo que debatimos, todo lo que consideramos como existiendo, postula a la consciencia.

”

Max Planck

Fundador de la Mecánica Cuántica

The Observer, 25 de enero 1931

Fuente: https://learning.sacolife.com/26996/planckdeclarotheobserver25deenerode1931-consideroquelaconcienciaesfundamentalconsideroquelamateriaesderivadade laconciencia-siesasientonceslosfisicosnoesta.html

Capítulo I

Esta es una historia extraña pero verídica, que le sucedió a una calaverita de cerámica y alambre comprada en el Mercado de la Ciudadela[1] en la Ciudad de México.

Su nuevo dueño la colocó de manera ingeniosa y simpática sentada en el dintel del rosetón de una bonita fuente en un amplio y bello jardín, donde el agua clara le bañaba de pies a cabeza.

La calaverita tenía una sonrisa picaresca, muy al estilo mexicano de tratar la muerte y había sido moldeada por unos dedos mágicos que le habían imbuido sus características únicas.

Ella, por su naturaleza, pertenecía a la hermandad de todas las calaveras, tanto las osamentas de los seres humanos desde el principio, así como sus representaciones artísticas, tanto las talladas en piedra y madera o como en este caso, humilde barro.

La calaquita era obviamente del género femenino, intuyéndose esto por su bella sonrisa y dentadura perfecta y tenía gran potencial tanto para el pensamiento intuitivo y mágico, así como para el entendimiento racional, en ocasiones más identificado con la intelectualidad.

La fuente se encontraba instalada en lo alto de un muy bien trabajado jardín, que estaba salpicado en su gran extensión por conjuntos de roca volcánica, coloreados por plantas exóticas meciéndose bajo la fresca sombra de los pirules y colorines propios al pedregal al sur de la Ciudad de México.

Casi sin darse cuenta, la calaverita empezó a sentir un soplo de vida y para su gran asombro tomó consciencia de sí misma, dándole esto tal sobresalto que, si hubiese tenido funciones motoras se habría caído al fondo de la fuente con grave riesgo de ahogarse.

A ella no le importó no poder moverse y ni siquiera lo consideró como una posibilidad, y en su naciente consciencia podía ver en distintas direcciones y era capaz de escuchar y aprender.

El dueño del jardín, hacía varios años había conocido a un mixteco en Monte Albán,[2] que vendía baratijas a los turistas y habiendo entablado conversación, este le comentó que tenía en su poder un gran cráneo de cuarzo de tamaño natural, el cual había estado en poder de su familia desde siempre y que veía en él un nagual de tres picos y se lo regalaba, prometiendo llevárselo a México.

Sustituir texto

Semanas después, ya olvidado el hecho, el mixteco tocó la puerta siendo esto una gran sorpresa y ya cubiertas las formalidades, el dueño del jardín se encontró sorprendido con tan grande cristal en las manos; rápidamente lo posó sobre una mesa al sentir un extraño adormecimiento y hormigueo en los brazos.

Esa noche toda la casa crujía y se escuchaban ruidos cómo de puercos en el jardín, cosa insólita y preocupante; de inmediato llamó a su tía Sadia Manrique de Lara, la cual era bruja blanca y muy poderosa y ella le instruyó en los procedimientos necesarios para "curar" tan monumental cristal.

Siguiendo sus consejos, lo enterró en el jardín durante una luna completa, para después sumergirlo durante otro tanto en agua con sal de mar; al final del tratamiento, el gran cráneo, ya libre de toda negatividad, brilló refulgente colocado en un alto pedestal en la fuente, reflejando los rayos del sol como la joya que era.

Atl[3] era su nombre y lo portaba con orgullo y modestia, pues había sido esculpido en el principio de los tiempos, habiendo pertenecido a dinastías de grandes hechiceros, magos, sabios y reyes desde épocas de la Atlántida[4], Sumer[5], y Egipto,[6] habiendo arribado con Ku Kul Can[7] a Mesoamérica surcando los aires en una Vimana[8] deslumbrante.

Se sabía, según las crónicas, que había estado a la diestra de Enki[9] cuando este creó al hombre, así como con Gilgamesh[10] en Uruk.[11]

Muchos poemas y canciones en su honor así lo atestiguan, por lo que le pertenecía por derecho y linaje tan alta investidura y rango.

Atl tenía acceso al Akasha,[12] el llamado Libro de la Vida o Salón de los Registros, donde se acumula desde siempre la memoria universal de la Creación y vivía en un estado de reposo y contemplación perenne, contento de ser testigo del lento paso del tiempo, observando cada movimiento, color y textura en el jardín, así como el apacible movimiento de las nubes en el cielo.

Sin embargo, la llegada de la calaquita llamó poderosamente su atención, pues desde el tiempo de su creación junto a otros iguales a él, no había visto cosa semejante, por lo que decidió observarla en busca de alguna pista para saber si acaso estaba, aunque fuese parcialmente consciente; por lo que esperó…

La calaverita no salía de su asombro y empezó a escudriñar el jardín en sus múltiples posibilidades, cuando de pronto sintió la presencia de esa fuerte mirada e involuntariamente le regresó la suya. Atl no dijo nada y simplemente la observó, la calaverita por su parte, se sintió atraída y fascinada por una visión tan espléndida, que como joya reflejaba el sol, refractando su luz en incontables arcoíris.

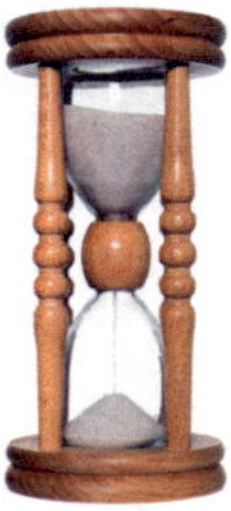

Largo tiempo pasó sin que ninguno pronunciara palabra; él, por su inagotable paciencia y ella por el ensimismamiento ante tan grande espectáculo, hasta que, sacando fuerzas de flaqueza, alcanzó a murmurar sin saber ni cómo.

—¿Quién eres?

Atl, después de cavilarlo unos instantes le contestó en voz baja, ya que esta podía sonar como trueno de tormenta y no deseaba asustar a tan pequeña creaturita.

—Creo que la pregunta correcta debería de ser: ¿Quién eres tú? ¿Lo sabes?

La calaquita se quedó pensativa un rato, mas de pronto, la energía acumulada en la consciencia colectiva acerca del tema la dejaron sin habla.

"¿Quién era ella? ¿De dónde venía? ¿Cuál era su razón de ser?"

No encontró respuesta alguna, pues, aunque era capaz de razonar, sus esfuerzos fueron en vano y después de un largo rato simplemente respondió bajando la mirada.

—¡No sé!

Atl la observó con atención y sintió lástima; qué distinta era esta pequeña consciencia con relación a él, cuya memoria se remontaba a la creación misma de la Tierra, cuando presiones incalculables habían creado al cuarzo y al diamante y recordaba claramente el principio de esta Creación, la explosión original y el largo camino cuando una vez ya esculpido, había proyectado tanto el amor como el miedo por las innumerables generaciones en cuya posesión había estado.

Sintió agradecimiento por la reciente limpieza, pues ya extrañaba un baño de esos, ya que eran comunes durante algunos cambios de dinastía y los disfrutaba, por lo que la belleza del jardín y el murmullo de la fuente le imbuían una cierta inclinación hacia la bondad, por lo que de pronto se preguntó murmurándose a sí mismo:

"¿Por qué no tomo a esta pequeñita como alumna? ¿Por qué no le transmito los muchos conocimientos y secretos que atesoro?"

Era obvio que, como todo en la vida, el que el destino se la hubiese puesto literalmente enfrente era por algún propósito ignoto, cosa que aun él, con su asombroso acervo era incapaz de discernir en su fin último; por lo que, después de ponderarlo un tiempo le replicó:

—¿Lo deseas saber? ¿Quieres conocer la respuesta a esta pregunta fundamental y muchas otras más?

La calaverita asintió tímidamente, tratando de mover la cabeza, cosa que no pudo, pero Atl en su vasta experiencia percibió claramente su intención y continuó:

—Lo que deseas es alcanzable, pero solo con una actitud correcta podrás empezar a vislumbrar la naturaleza de las cosas; la vida, la muerte y el porqué de la existencia, tanto la tuya, como la de todos y de todo en la Creación; pero antes que

nada debo ponerte un nombre, pues no lo tienes, ya que llamarte “calaverita” o “calaquita” es demasiado genérico, es igual que llamar a un perro “Firulais” o a un gato “Misifuz.”

Ella le miró con cara de asombro.

—¿Me permites que te dé un nombre con un mayor y mejor significado, uno que inspire tu esfuerzo?

La calaverita no supo que decir y solo asintió.

Atl, tomando un aire solemne y gesto augusto declaró con voz grave y profunda que resonó en el

jardín, creando pequeñas ondas en la superficie del agua de la fuente.

—*Con la potestad de Maestro tuyo, declaro en esencia, presencia y potencia que a partir de hoy te llamarás Maya, nombre de múltiples y profundos significados.*

Guardando acto seguido un prolongado y sereno silencio, solo interrumpido por el suave sonido del agua y el murmullo del viento acariciando los árboles al anochecer.

Capítulo II

Era la mañana de un nuevo día y el jardín despertaba con la lujuriosa belleza de la naturaleza y miríadas de pájaros multicolores volaban o se bañaban deliciosamente en la fuente o buscaban alpiste para llevar a sus crías y los árboles, plantas y flores se mecían armoniosamente invitando a las abejas, colibríes y mariposas a tomar lo necesario para su subsistencia.

Maya despertó aún perpleja por lo ocurrido el día anterior; "calaverita" había sido como el dueño del jardín le había llamado desde que la compró en La Ciudadela; "¿Cuánto cuesta esta calaverita?" —rememoró. ¿Pero ahora Maya?

Esperó respetuosamente a que Atl saliese del profundo trance en el cual aparentemente estaba, pues sentía una mezcla de profundo respeto y asombro hacía este gran cráneo luminiscente y simplemente se sentía incapaz de tomar la iniciativa.

Después de unos minutos, Atl le dirigió la mirada y le dijo:

—¿Tienes algo que decir?

Sacando literalmente fuerzas de flaqueza, solo alcanzó a murmurar;

—¿Por qué Maya...? —le contestó interesada.

Atl le miró fijamente y declaró como acordándose de algo:

—Maya tiene dos significados muy importantes que te servirán de inspiración en el camino que hoy inicias.

»El primero se refiere al nombre de un pueblo muy antiguo que vivió en estas tierras y que dejó gran huella de sus conocimientos y avances tanto en la arquitectura, la astronomía y la medición del tiempo; sin embargo, su logro más importante fue que, como pueblo, alcanzaron tan elevada frecuencia vibratoria de luz y desarrollo en las artes y prácticas Toltecas,[13] que un buen día ascendió en conjunto al siguiente nivel vibratorio o densidad 4D y se llevó sus cuerpos físicos de equipaje.

»En el Akasha, a veces se consideran casi desafortunadas las razones que se dan para explicar su "inexplicable" desaparición y nadie parece ser capaz de contemplar esta posibilidad.

Maya escuchaba con atención, imaginándose poco a poco lo magnífico de tal acto.

"¡Todo un pueblo unido y enfocado, desapareciendo de este plano físico para aparecer en otro superior, aún físico, pero ya invisible a este y llevándose sus cuerpos consigo como luz!"

Aún no salía de su asombro cuando Atl continuó:

—El otro gran significado de tu nuevo nombre es Ilusión; este avanzadísimo concepto se describe en los Vedas,[14] el Ramayana[15] y otras grandes obras en el idioma sánscrito[16] de la tradición Hindú,[17] e indica lo que ha sido ya demostrado en laboratorio por la mecánica cuántica[18] y que es que lo material a un nivel infinitesimal es solo ondas de energía y luz materializadas por la influencia de un medidor u observador; sin embargo, la ortodoxia se resiste a aceptarlo, pues encuentran en el materialismo una barrera intelectual infranqueable, descartando *a priori* cualquier fuente original inteligente y sabia; aunque en secreto tal vez lo intuyan.

Maya quedó pensativa y algo confundida cavilando:

"¿Cómo podía *esta realidad ser una ilusión?* ¿Qué acaso Atl, ella y el jardín no existían en r*ealidad?* ¿Cómo podía estar experimentándolo todo si fuesen una ilusión?"

Maya se hubiese rascado la cabeza de haber podido, pero resignada simplemente guardó silencio por largo rato, sintiendo sobre sí la mirada benévola de su mentor y ya, casi sin darse cuenta, se quedó dormida roncando plácidamente en su cómodo dintel.

Al día siguiente, el jardín se encontraba en flor, pues la noche anterior un típico chubasco vespertino en el valle había bañado al sur y el jardín brillaba con la luz del día naciente.

Atl sintió que el momento era propicio para reiniciar la conversación y le dijo con una gran sonrisa:

—Despierta, pequeñita. —A lo que Maya le respondió con un fingido mohín de sueño, pero poco a poco se puso en alerta, pues sentía una necesidad de saber más y las cátedras de Atl llenaban ese sentimiento; así que se alertó a lo porvenir.

Atl, por su parte, con aire seguro le dijo, una vez comprobado que estaba atenta.

—Hoy vamos a platicar de esos grandes hombres de intelecto, curiosidad y tesón, los físicos, químicos, matemáticos y otros filósofos que se han afanado por averiguar cómo funciona todo y su porqué, lo cual, cuando entendido desde la perspectiva mecanística de Newton,[19] realmente funciona como relojito; sin embargo, en la búsqueda por saber más, estas grandes mentes escudriñaron lo infinitesimal, lo infinitamente pequeño y en ello encontraron asombrados que las partículas fundamentales intercambian su accionar ya sea como materia u ondas de energía al ser o no medidas y observadas, esto al buscar conocer su velocidad y posición, ¡Increíble! ¿No?

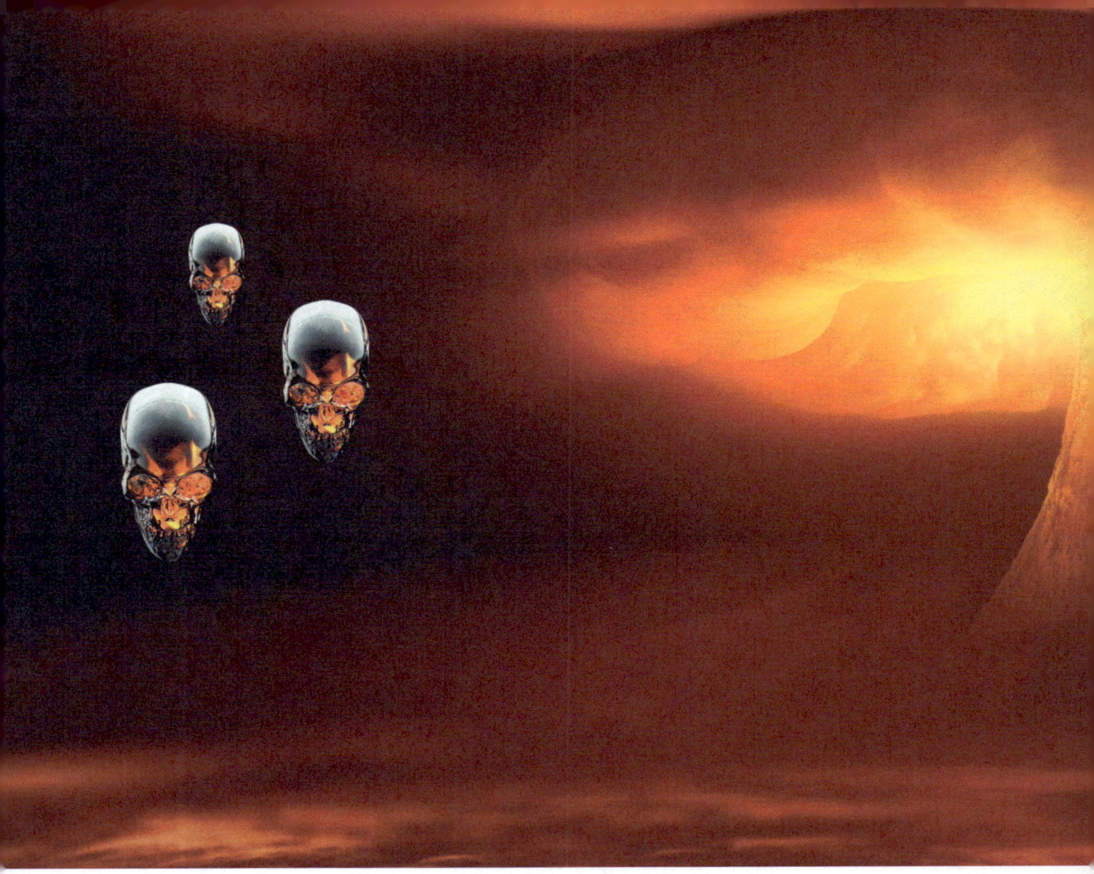

Maya, de pronto se preguntó:

—¿Al ser o no observadas?, ¿de dónde salía todo esto? —murmuró entornando la mirada.

Atl la estudió detenidamente disfrutando su interés y después de una pausa declaró sin miramientos.

—Mira, pequeña, este extraño y paradójico comportamiento sub-atómico tiene a la ciencia compitiendo por una explicación plausible que les elude; pues la ortodoxia materialista insiste que la consciencia[20] es un sub-producto derivado de la materia, creada por reacciones bio-químicas en el cerebro, por lo que descartan *de facto* cualquier diseño inteligente o superioridad de esta en el universo.

¡Todo siempre es una casualidad!

Maya entendía lo que se le decía, pero no sabía ni cómo; era como si las palabras de Atl llevasen implícitos

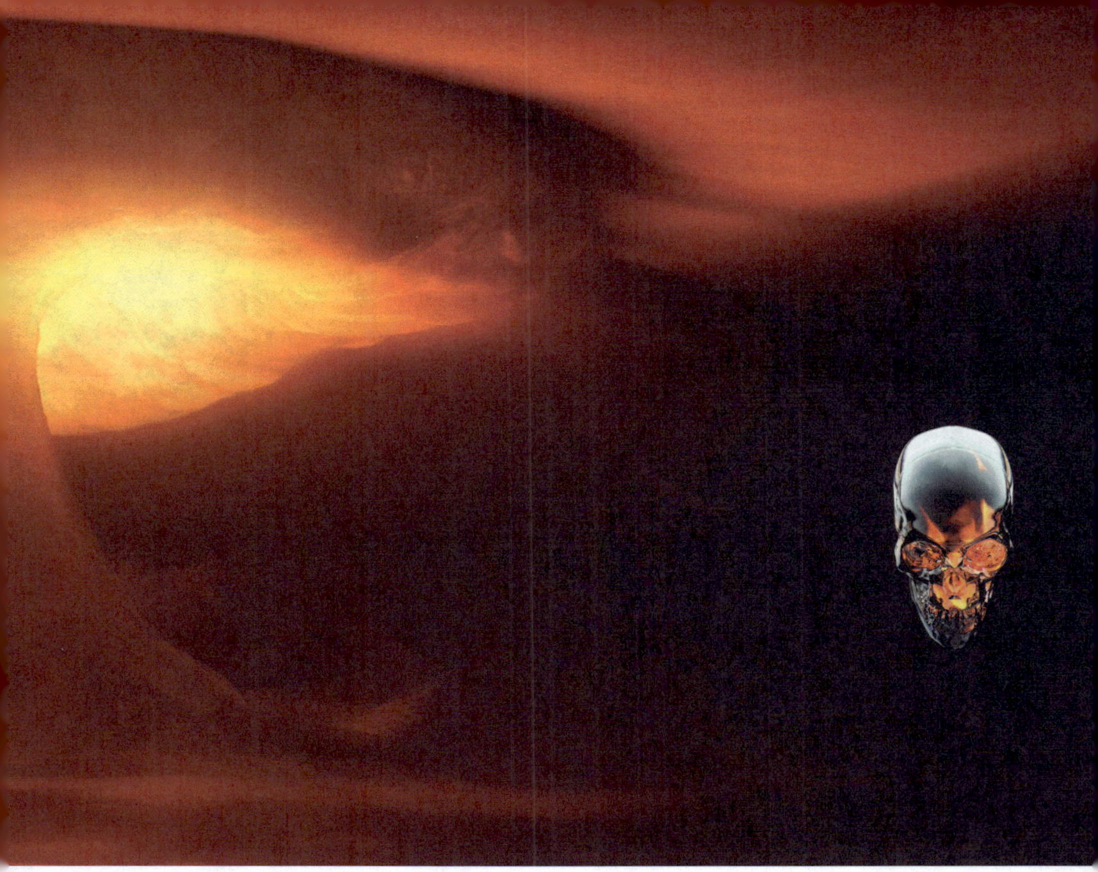

paquetes de información que inmediatamente hacía suyos; la voz cantante era Atl y ella simplemente lo absorbía todo.

—Mira, pequeña, Einstein,[21] un gran físico, discernió una fórmula mundialmente aceptada, la cual describe la equivalencia entre la materia y la energía y viceversa, igual que la conversión de metros a yardas u onzas a gramos, en la cual demostró que en $E=mc^2$,[22] en donde la energía (E) dentro de cualquier partícula, es igual a su masa (m) por la velocidad de la luz[23] (c) al cuadrado. ¡Al cuadrado! Exclamó, siendo la energía resultante distinta para átomos de menor masa en contraste a elementos más pesados.

Maya se sorprendió, pues Atl había elevado un poco la voz, pero guardó un respetuoso silencio.

Atl continuó diciendo con voz grave y decidida:

—Al bombardear elementos radioactivos[24] con electrones u otras partículas; abren un portal por donde esa inmensa energía sale; como en las bombas atómicas y, sin embargo; la respuesta del porqué en el universo cada partícula de masa contiene en sí la energía resultante de su multiplicación por la velocidad de la luz al cuadrado, implica como conclusión evidente, una fuerza subyacente inmensa e inconmensurable.

Atl se cuidó de no elevar de nuevo la voz, pues había notado el anterior sobresalto de Maya, por lo que continuó casi como en secreto:

—Verás, pequeñita, el sorprendente hecho de que cada partícula de masa existente contenga en sí un vasto océano de energía y de que esta misma energía inmensa se materialice en la realidad formando conjuntos armónicos

que evolucionan siguiendo un estricto orden, habla de un poder tan potente, tan grande e infinito, que es capaz de mantener la evolución y el orden en Todo lo que Es.

Atl la observó y le dijo:

—Considera lo anterior, los códigos de luz en mis palabras —cortesía del Akasha— te darán la chispa para entender.

Ambos callaron y enfocaron su atención en la belleza y armonía del jardín, que proyectaba vida, luz y color.

Capítulo III

Al despuntar el sol, sin mayores miramientos, Atl con autoridad reinició la charla diciendo:

—Hoy vamos a platicar de la razón de ser de la Creación, una vez entendido esto, lo demás es más fácil, ya que uno ve un propósito que lo permea todo y al Todo. Querida, piensa en lo que te voy a preguntar.

Maya le miró perpleja, intrigada por el curso de la conversación.

Atl se acomodó, como si tratase de hacerlo todo más serio.

—Dime, pequeña, cuando un artista crea; ya sea en arquitectura, ingeniería, música o pintura, la ciencia o la palabra escrita o hablada, ¿qué le mueve?, ¿por qué lo hace?; pues bien, la respuesta obvia es su deseo de plasmarse y lograr gozo y orgullo en su creación, en su obra.

Maya le miraba con atención sin dilucidar hacia donde se dirigía.

—Ahora, le dijo con mirada penetrante y ceño augusto; piensa en esta pregunta, pues es un concepto básico para tu aprendizaje y muy importante e interesante.

Maya sintió una fuerza dentro de sí, como un anticipo de albricias, por lo que con mirada curiosa esperó con atención.

Atl le miró fijamente y después de unos momentos dijo con voz seria y ojos penetrantes.

—Dime chiquita, ¿qué harías si te encontrases de pronto como un ser infinito y eterno, no puedes ir a ningún lado porque ya estás ahí, no puedes aprender o sentir nada nuevo porque ya eres todo, el Todo y todo lo sabes, tanto en potencia como en esencia? Dime Maya, ¿qué harías?

Maya quedó pensativa, abrumada por tan grande pregunta; la entendía por los paquetes de luz que Atl libremente le regalaba, pero, aun así, vislumbraba que tal vez esta pudiera ser la pregunta fundamental para el hombre, por la cual filósofos y pensadores pudiesen haber derramado ríos de tinta en su honor al tratar de desentrañarla.

—Entiendo bien tu asombro —le dijo—, ya que esta cuestión ha rondado la mente humana y de inteligencias superiores desde el principio de los tiempos y es verdad que ha sido estudiada de múltiples maneras para encontrar su raíz, tales como la razón última de todas las cosas, la fusión en la Consciencia Cósmica, el Samahdi[25] hindú o el Satori Zen,[26] a la vez que el materialismo científico y su brillante heredera, la Mecánica Cuántica.

Atl la observó con detenimiento, queriendo cerciorarse de que seguía el hilo de la conversación y habiéndolo constatado continuó:

—Pues bien, imagina, si ya eres todo, estás en todos lados, todo lo sabes y eres la eternidad.

» ¿Qué harías para entretenerte?

» ¿Qué harías para pasar el tiempo que tú misma crearías?

» ¿Cómo podrías sorprenderte de verdad, disfrutando cada experiencia posible como si fuese la primera vez?

Maya estaba como en trance, pues la avalancha de información era poderosa, mas la ayuda del Akasha abría los conductos y facilitaba la comprensión.

Atl percibió que era el momento de suspender la lección, pues ella aparentaba cansancio sumida en sus elucubraciones, por lo que después de un gesto, ambos callaron y se concentraron largamente en el magnífico espectáculo de los volcanes a lo lejos y del jardín en el ocaso por el poniente.

El nuevo día nació sin que ninguno murmurara palabra, el jardín proporcionaba acción y emociones como para mantenerle a uno muy entretenido. Las plantas y flores, los grandes árboles y sus sombras, la miríada de insectos multicolores bebiendo los néctares formaban una sinfonía que invitaba a una contemplación apacible y relajada.

Sin embargo, Maya sintió la necesidad de saber más, pues la cosa se ponía interesante y una calaquita también tenía derecho a eso, ¿o no…?

Atl lo percibió de inmediato y fijándole la mirada le dijo:

—Lo que te voy a relatar pequeña, es tal vez la explicación más obvia y a la vez la más difícil de dilucidar y aceptar en este planeta que habitamos y te aclaro que es ampliamente aceptada en muchos mundos 3D y superiores, donde la experiencia de separación de la Fuente es superada a través de la entrega que lleva a la unión y a la ascensión y progreso evolutivo.

»Piénsalo; como criaturas dependemos de nuestro hacedor, pero también le reflejamos como entes creativos y como tales tenemos la obligación de avanzar y comprender la razón de ser de la Creación.

»Para entender esto, lo primero es querer hacerlo y tú, aparentemente, encuentras en nuestras charlas ese gusto —dijo Atl, prosiguiendo después de una pausa.

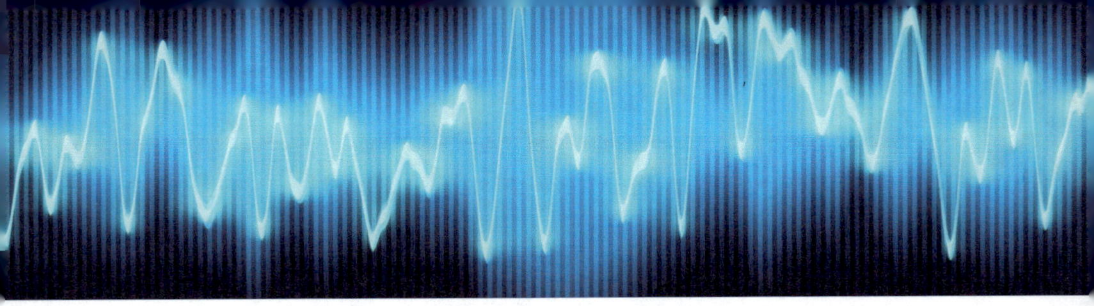

»Por lo que es muy importante que esto no sea solo una teoría, sino que; en tus momentos más íntimos, trates de conectarte en tu centro y así, cara a cara con tu Creador, le expreses tu sentir y esto te aliviará y dará paz y fuerza.

Maya sentía una vibración dentro de sí en armonía con las palabras de Atl, era como si estas hiciesen vibrar un diapasón muy adentro y como calaverita al fin y al cabo ya le había empezado a tomar cariño a su mentor, ¿o no?

Atl ignorándola prosiguió:

—Cuando uno atisba que no solo percibimos a nuestro Creador a través de nuestra propia individualidad, sino que Él se percibe a Sí Mismo como la parte más profunda y secreta de nuestra propia consciencia, viviéndolo todo a cada momento, entonces todo se empieza a ver más claro.

Maya podría haber suspirado, pero solo atinó a mirarle en actitud receptiva hacia todo lo que escuchaba.

—Ahora bien —dijo Atl— si consideramos como dicen las escrituras humanas que el hombre fue creado a imagen y semejanza del Creador; tal vez el juego de las escondidillas te pueda dar una pista de cómo el Creador se sorprende y entretiene.

Maya se quedó con cara de *¿What..?;* Era cierto que los paquetes de información que Atl le regalaba eran bastante completos, pero, pero, ella

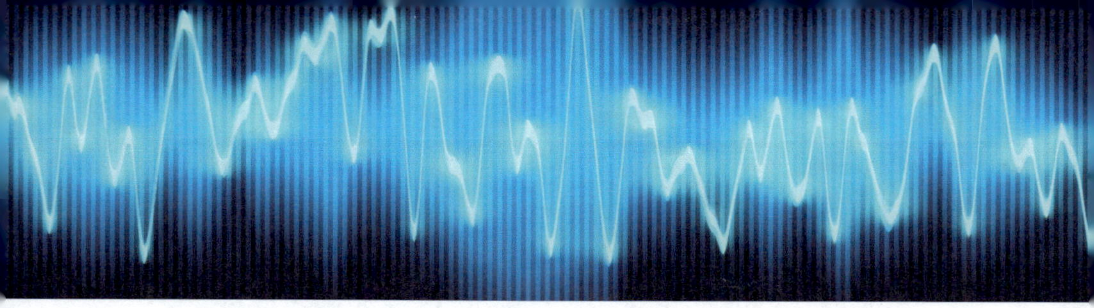

nunca había jugado a las escondidillas, ni a las muñecas y mucho menos a la matatena, así que solo alcanzó a murmurar:

—¿Las escondidillas?

—Sí pequeña, las escondidillas; verás, es un juego muy emocionante, donde por turnos, cada niño cuenta hasta cien números, mientras los demás corren emocionados a esconderse, de preferencia en alguna vieja casona o un jardín con recovecos; este juego da gran diversión a todos, no solo a aquellos que se esconden, sino también al que busca, ya que debe utilizar toda su habilidad y astucia para encontrar a sus amigos y al descubrirlos, en una alucinante carrera llegar primero a la base diciendo: ¡una, dos, tres por "fulanito"!, pero si el otro llega primero gritará con emoción ¡una, dos, tres por mí y por todos mis compañeros!

Maya quedó impactada por lo interesante y divertido del juego, pero aun así no podía discernir la moraleja; así que observó a Atl inquisitivamente mientras él continuaba explicándole.

—Maya, este juego de niños refleja un arquetipo surgido en el principio, el cual no solo es apto para una novela de espionaje o misterio; sino que en esencia proyecta la razón de ser lúdica de la Creación.

Maya mantenía su concentración y trataba de no distraerse.

—El Creador, estando solo e infinito, decidió crear un juego por así decirlo, lo que podríamos llamar como el Juego de Dios —*Lila*[27] en el idioma sánscrito.

En este juego, el Creador "juega," "sueña" o "imagina" todas las creaciones, pues hay muchas, no solo esta, con el único propósito de experimentarlo todo y entretenerse y regocijarse en Sí Mismo desde el punto de vista preferencial ubicado en el centro y esencia de Sus propias creaciones; los seres humanos, animales y plantas, las galaxias, las nebulosas, los planetas y todos los demás seres que existen en el universo dentro de la gran escala de las múltiples densidades de frecuencias vibratorias.

—Tómame a mí como ejemplo, soy un cráneo de cristal de cuarzo,[28] foco de experiencia a través de incontables eras, aun desde la formación misma de la Tierra hace 4,500 millones de años y simplemente por mi naturaleza, he sido utilizado tanto para proyectar el bien como el mal dentro de la dualidad de esta tercera densidad o 3D.

»En todos los casos, mi propia consciencia no ha sido más que una ventana por la cual el mismo Creador ha vivido mis experiencias como propias.

—Esto arroja luz hacia una de las paradojas más persistentes en la Creación desde el punto de vista humano.

Maya estaba casi como hipnotizada escuchándolo todo y hubiese abierto los ojos desorbitadamente de haberlos tenido, pero con

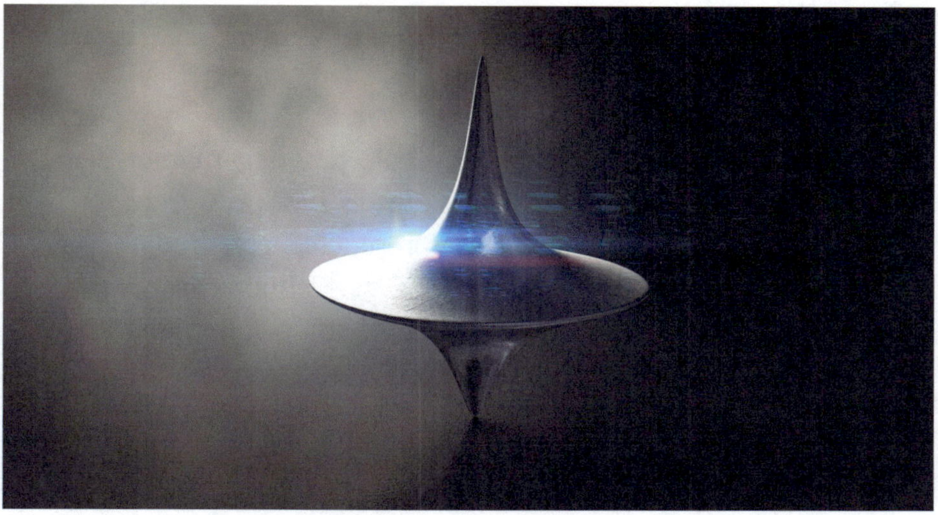

atención siguió escuchándole; Atl por su parte continuó diciendo.

—¿Cómo explicar a un Dios bueno o más explícitamente Su propia existencia, si existen la injusticia, el dolor, la enfermedad y la guerra al lado del amor, la vida y la belleza?

»¿Cómo reconciliar tanto llanto, dolor y sufrimiento si existe un Dios bueno?

»Pues bien, la única respuesta lógica es que todos somos el Creador mismo en expresión.

»Lo somos como focos individuales de consciencia y vida y como tales, escogemos libremente a un nivel superior lo por vivir en cada vida y las lecciones por aprender, supervisándonos a nosotros mismos desde fuera del tiempo lineal como nuestro yo superior[29] o sobrealma y en esta amnesia a la cual nos sometemos libremente durante cada encarnación, seguimos nuestro particular guion, escrito por nosotros mismos, ya sea que lo creamos o no.

Atl continuó con mirada seria.

—Además, sabrás que solo hay encarnaciones simultáneas como vistas desde fuera del tiempo lineal, simultáneas y completas, con toda la información de la vida a ser vivida hasta el último detalle y en nuestra aventura mundana, la asignatura es descubrirlo día a día, momento a momento, pues todo lo creado y en potencia es simplemente el Creador Mismo en expresión y tú, yo y todos los demás también lo somos, que obvio no es decir que seamos el propio Creador en Sí, sino que somos meras chispas de un fuego infinito, gotas de un inmenso océano y por consiguiente, en cada vida experimentamos la miríada de manifestaciones para aprender y crecer; y en esto pequeñita, está el verdadero libre albedrío.

—Esto de imaginarnos como algo separado del Creador es una imposibilidad, pues Él es todo y todo lo permea.

—Entiende y recuerda esta verdad:

»¡Solo hay una vida siendo vivida, solo una sola…!

Maya quedó estupefacta, no importaba cuantos paquetes lumínicos recibiese, la perspectiva era demasiado grande, imposible de comprender, especialmente para una calaverita recién salida del cascarón o más bien del horno, así que sin decir más, su mente divagó en múltiples pensamientos y realizaciones y poco a poco tras un rato se durmió.

Fotografía: Tima Miroshnichenko. Pexels.

Capítulo IV

El tiempo continuó su inexorable marcha y la temporada de lluvias al sur de la Ciudad de México se asentó refrescándolo todo con sus copiosos chubascos vespertinos, originados unos por los huracanes del golfo cuyas nubes ya hubiesen superado las sierras y penetrado al valle u otros, como los locales, provenientes de la cañada de los Dinamos en Contreras o los de Valle de Bravo.

La temporada de lluvias reverdece a todo el país y es largamente esperada; las cosechas se dan y todo indica un resurgimiento de la energía vital reflejada en el murmullo de la fuente resonando en los espacios, mezclándose con la armonía de la vida en flor.

Atl brillaba con la luz propia de la sabiduría mientras sopesaba como facilitar la comprensión de Maya, pues estaba decidido a elevarle la consciencia, así que, después de un lapso le preguntó:

—¿Ves esas nubes como algodones que perezosamente se mueven cruzando el cielo?

Maya asintió tímidamente.

—¿Y todas las flores, pájaros e insectos?

Maya solo le miró.

—¿Sabes por qué están ahí?

Maya se sintió confundida por la pregunta, sin embargo, mantuvo una actitud receptiva y esperó.

Después de un lapso Atl le dijo con solemnidad:

—Están ahí, por qué son expresiones de ese gran Lila, de ese gran Juego de Dios; están ahí porque son producto de mecanismos infinitos y perfectos de proyecciones holográficas[30] en donde todo lo visible son crestas y valles de ondas de luz en donde el Creador se intersecta* a Sí Mismo desde infinitos ángulos en una danza interminable creando el espacio y la materialidad en sus creaciones.

»Actualmente, mentes de gran poder estudian la llamada Mecánica Cuántica, la cual trata de explicar el funcionamiento de todo en el universo, integrándolo en una teoría absoluta que explique la masa, la energía y el tiempo; sus orígenes y destinos.

Atl la observaba escudriñando su áurea, era suave y brillante, con un obvio color a barro cocido y sintió una creciente identificación y cariño hacia su pequeña educanda, así que después de unos momentos continuó.

—Verás pequeña; la ciencia está rozando con los dedos las fuerzas fundamentales del universo y en esta búsqueda, han encontrado una paradoja esencial, algo que, de tan contradictorio asombra y que es que la materia y la energía son simplemente intercambiables entre sí, rompiendo todos los paradigmas existentes en la realidad de consenso científica, empujando al materialismo ortodoxo a enfrentar cuestiones que tal vez sería más fácil ignorar.

Maya, por su parte, ya se sentía mareada; quería saber más, pero la complejidad de todo le confundía y dando un largo suspiro suplicó con la mirada:

Atl sonrió, entendiendo y aceptando los obvios límites de su pequeña alumna y asintiendo mudamente, dio por terminada la lección.

---

* Nota del autor: La palabra “intersectar” según la Real Academia Española no es correcta, sino que debería ser “intersecar”, sin embargo, el autor ha decidido utilizar “intersectar” por ser la forma extendida de uso.

Un nuevo día nació en el jardín y cenzontles, primaveras y jilgueros cantaban en concierto elevando su himno a la vida y sus pimpollos se les unían motivados por la alegría de sus mayores y todo anunciaba un día feliz y productivo.

Atl inicio la conversación diciendo.

—Verás pequeña, el materialismo científico está obcecado en insistir que la materia crea a la consciencia y no al revés, robando al ser humano de la certeza de formar parte de un todo e insiste que nuestra consciencia es un simple sub-producto de interacciones bio-químicas en el cerebro y, por lo tanto, finita y mortal.

»Sin embargo, la propia mecánica cuántica en un experimento medible y repetible comprueba de manera fehaciente lo contrario y que es que la consciencia crea a la materia y no al revés.

»Ahora para comprender esto mejor, hay que ver y examinar el experimento denominado académicamente como el de "Las dos ranuras.[31]"

Atl le miró fijamente y dijo en tono grave:

—Abre los ojos del alma e imagina lo que te voy a describir, de esta manera podrás entender mejor lo que te relato.

A Maya no le pasó desapercibido el humor de Atl al decir “ojos del alma” y sonrió entornando la mirada.

Acto seguido le murmuró suavemente:

—Imagina que eres la actriz de una película y yo te enviaré imágenes holográficas tridimensionales para que las vivas.

Maya no entendía nada, hasta que de pronto vio como si un *zipper* partiese verticalmente su pantalla perceptual abriendo un inesperado escenario de experiencia; y ya, sin pensarlo, dio dos pasos al frente, entrando a escena en una típica feria mexicana de pueblo, de esas donde las chamacas y los muchachos dan vueltas al zócalo en sentidos contrarios entre risas y coqueteos, con bullicio de globos y cornetillas, mezclado todo ello al canto de las parvadas en sus elevadas acrobacias y en el centro de todo ello… ¡Ella!

A la distancia, al lado de la rueda de la fortuna, Maya vio un puesto con un gran letrero multicolor que decía TIRO SPORT; de inmediato la escena cambió y se encontró parada frente a un sonriente sombrerudo bigotón rodeado de peluches que le daba un rifle y le decía: “Tírale, güerita”; acto seguido Maya tomó el rifle ponderando qué hacer,

cuando de pronto, la voz de Atl entró en *"off"* diciéndole;

—Al fondo del salón de tiro hay dos tablones, uno blanco al fondo y otro negro delante de este con dos ranuras verticales anchas y rectangulares, similares a las de un tostador de pan y a través de estas puedes ver claramente el tablón blanco.

Maya cargaba el rifle un poco dudosa acerca de qué hacer cuando de pronto, la faz de Atl apareció llenando su pantalla perceptual y mirándola hipnóticamente le dijo lentamente.

—¡Apúntale al tablón blanco de atrás, ese es tu objetivo!

Maya observó el panorama y apuntando, hizo lo que se le pedía y aunque era primeriza, podría tener suerte de principiante, por lo que, con gesto determinado descargó de a poco la carga completa, logrando atinar la mayoría de los tiros a través de las ranuras, marcándose los perdigones claramente en el tablón del fondo.

—¡Excelente! —le dijo Atl—, ahora dame el rifle y un dispositivo de tiempo hará que otra carga sea disparada por sí sola, ve a darte una vuelta y sabrás cuándo regresar

Maya hizo lo indicado confundiéndose entre la multitud de familias y niños de todas edades que corrían y gritaban al compás de la banda del pueblo que tocaba alegremente una polca norteña desde el quiosco, bajo la sombra de grandes y frondosos árboles.

Por su parte, Atl observó sesudo la segunda descarga sin afectarla, pues astutamente había escogido una línea de tiempo paralela, desfasada únicamente unos cuantos segundos, pero aún conservando clara visibilidad, por lo que, al no afectarla como "observador," pudo grabar vívidamente cómo cada tiro (electrones y fotones)

salían de la boca del rifle cómo una ola de energía, una marea ondulante similar a la superficie de un río, moviéndose hacia las ranuras penetrándolas y chocando entre sí y contra el fondo; la energía saliendo del rifle era cómo un potente atomizador lanzando una fina nube por ambas ranuras dibujando un diseño distinto al duro de las marcas en el fondo.

Era un degradado en varias áreas difuminadas, pintadas por la ola penetrando por ambas ranuras, mezclándose y chocando contra el fondo.

Al ver que el experimento se había realizado exitosamente y teniendo ambos resultados claramente frente a sí, llamó a Maya con su intención y ella de inmediato apareció en escena observando asombrada ambos diseños:

—¿Ves la diferencia? —dijo Atl con mirada penetrante.

Maya guardó silencio, ya que sentía que la cabeza le daba vueltas en el alambre que le servía de cuello.

Ella observaba las olas de energía del segundo experimento literalmente con la boca abierta sin saber qué decir.

Atl por su parte pausó y sopesando la importancia del momento le dijo:

—Este experimento comprueba que la consciencia crea a la materia y no al revés, ya que cuando la consciencia opera, o sea tú apuntando, (o lo que se llama colapso de la función de onda al buscar ubicar su posición) los electrones y fotones son sólidos influidos por ti y cuando no los ves, son una ola de energía.

»Es increíble; desde mi punto de vista, cómo los científicos no llegan a esta conclusión lógica, puesto que, si como aseveran la consciencia es meramente un sub-producto de reacciones bio-químicas en el cerebro y, por lo tanto, su dependiente; ¿Cómo es posible que en el experimento de las dos ranuras se compruebe precisamente lo contrario?

Maya pensaba en lo paradójico de los resultados, ¿cómo era posible que, si ella apuntaba y disparaba, las municiones eran sólidas y rebotaban marcándose en el fondo y cuando se disparaban solas eran como una ola penetrando ambas ranuras, dibujando al fondo bandas difuminadas como por una brisa?

—¿Solo por el hecho de apuntar o no?

Maya se sentía confundida y se cuestionaba "¿Cómo era esto posible?"

Cavilando en estas cuestiones, Maya sin saber ni cómo se durmió, bajo la bóveda celeste repleta de estrellas cintilantes y el arrullo envolvente de la sinfonía de las chicharras al ocaso.

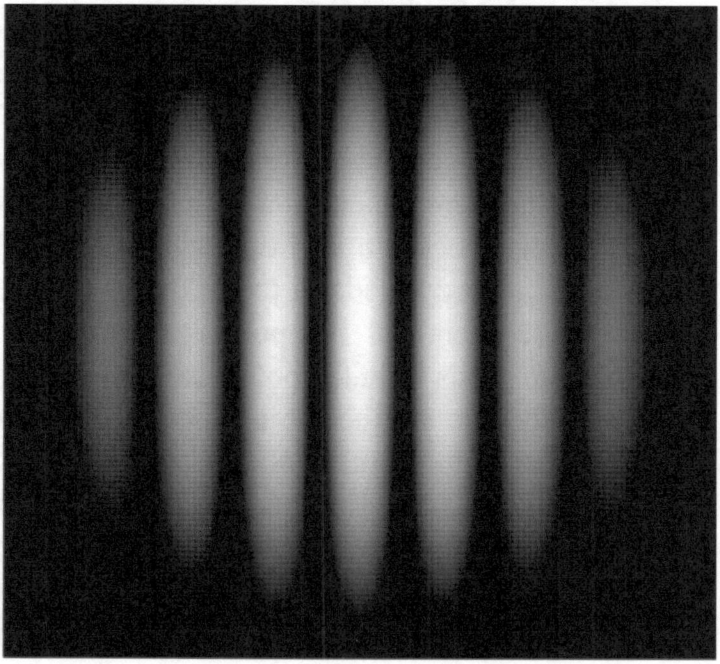

Patrón de interferencia generado en el experimento de "Las dos ranuras" cuando un solo electrón es disparado sin ser observado y este se comporta como una onda penetrando ambas ranuras al unísono.

Capítulo V

Atl, la noche anterior, había ya tomado firmemente la decisión de concentrarse en el aprendizaje de Maya, pues encontraba la experiencia fascinante y entretenida, por lo que de manera decisiva entró profundamente en sí mismo conectándose a la Fuente y en un profundo éxtasis espiritual y de devoción se entregó.

Como noble cristal que era, se conectó en serie con los imponentes cuarzos del Akasha, donde los más antiguos atesoran las instrucciones originales de la Fuente proyectadas a través de los *elohim*,[32] que desde fuera del tiempo lineal refractan lo manifiesto y sus infinitos potenciales en la vibración inteligente subyacente al Todo; el "Campo" infinito donde todo potencial es posible.

Fue instruido en las responsabilidades y métodos de todo gran maestro, cosa que abrazó entusiásticamente, ya que en su larga historia había sido consejero de largas dinastías reales; tanto como arma letal para la intriga y el miedo o como herramienta de ascensión a realidades superiores en el servicio de santos y sabios; pero nunca había fungido como

mentor y la idea le apasionó profundamente, motivándole para una acción decidida.

De cara a la Luz deslumbrante del Creador agradeció sinceramente esta nueva aventura que ciertamente no esperaba, así que, con una grande determinación llamó a Maya, la cual dormía plácidamente a pierna suelta en el dintel de la fuente, mientras que el agua le acariciaba suavemente la cabeza, arrullándole.

—¡Despierta! —le dijo firmemente— ¡No hay tiempo que perder!

Maya abrió un ojo y le sonrió con esas dos largas hileras de perfectos dientes mientras se desperezaba.

Atl le preguntó quedamente:

—¿Has pensado en lo de ayer?

Maya, de pronto; volvió a sentir la incertidumbre de no entender plenamente como las municiones se creaban o se disolvían indistintamente; ¿Solo por ella verlas o no? ¿Cómo era esto posible?

—Verás, querida —dijo Atl en tono profundo, uno que Maya no había escuchado antes.

»Este es el enigma de las eras, aquel que ha empujado a incontables artistas, filósofos y creadores a tratar de responder el porqué de la existencia.

»Para dilucidar esta cuestión, la manera más eficiente, es hacerse una pregunta basada en tu experiencia en la feria.

Maya de inmediato se sintió transportada en su pantalla perceptual hacia el espléndido espectáculo de esa arquetípica feria mexicana que Atl le había proyectado y descontando la envolvente escenografía; lo que más le había gustado había sido la comida y los tacos de todo tipo; suadero, pastor, cecina con aguacate y de canasta, panuchos, birria y tortas ahogadas, pastes, enchiladas mineras, de mole y zacatecanas, rojas, verdes y suizas; elotes, esquites y guajolotas, atole y pozole verde, blanco y rojo; quesadillas, carnitas, cabrito y barbacoa, un verdadero y delicioso *tour de force* gracias a las proyecciones de Atl, que aparte de todo era un excelente chef.

Maya poco a poco olvidó los *hotcakes* con cajeta, los helados, buñuelos y mantecados y se concentró en lo que Atl estaba diciéndole.

Él, midiendo sus palabras continuó:

—El mundo cuántico infinitesimal es contraintuitivo comparado con el normal del día a día, pues a nuestro nivel, las cosas son sólidas y mesurables en su posición y velocidad, pero en esta otra realidad, la que podríamos llamar como la realidad "detrás de" o la que "sostiene a" la realidad normal todo es distinto, es en ese campo que todo lo permea, en ese campo de Higgs[33] de carga positiva creado en el "*Big Bang*" que atrapa y "frena" a las 16 partículas sub-atómicas del llamado modelo estándar, incluidos los electrones, que de otra manera saldrían disparados a la velocidad de la luz, impidiendo la Creación.

Maya le miraba atentamente, tratando de no distraerse por una parvada de tucanes que a media altura graznaban alegremente sobre las copas de los árboles, los cuales probablemente se habían escapado de algún cortijo cercano al jardín.

Atl por su parte continuó como si nada.

—Verás, Maya: El Creador es la Luz y la Energía con mayúsculas; Él Es la Luz que crea nuestra realidad física y pregúntate ¿Por qué nuestra realidad aparentemente es espacio vacío?

»Pero este vacío en realidad es un todo pletórico de acción por la energía que todo lo permea y que sirve de base para que otros haces a distintos ángulos le den su consistencia y solidez.

»Todo es una alucinante danza de luz en donde los haces se intersectan y crean nuestra aparente realidad física; no solo en esta tercera densidad, sino que también en las superiores; hasta que al final, toda manifestación se refunda en la Fuente, para que, como nueva ave Fénix, en otro momento inconmensurable, explotar en una nueva Creación.

Maya se disolvía en los paquetes de luz codificados del Akasha y paulatinamente las imágenes se iban cohesionando en un todo coherente, en el cual empezó a vislumbrar lo maravilloso y lo inconmensurable.

Atl le miró fijamente y dijo casi en un susurro:

—Pequeña, hay que aceptar como posibilidad que, en el universo, la energía es consciencia y la consciencia es energía y que ahí; en ese Campo, todas las posibilidades existen en potencia y expresión en el tiempo y pregúntate:

»¿Si este Campo infinito omnipresente no fuese consciente, —cómo podría como dicen los físicos, contener en sí todas las posibilidades?

»Este Campo, esta matriz inteligente donde todas las probabilidades existen en esencia, potencia y expresión, donde todo lo que ha existido, lo que existe y lo que está por existir... Simplemente, Es.

»De las múltiples teorías formuladas, la que más se acerca a la realidad es la teoría de los Campos cuánticos.[33]

»Ahora considera: ¿Qué acaso el contener en Sí todas las “posibilidades” inteligentes pasadas, presentes y futuras no podría entenderse como una cualidad del Creador?

»Esta reticencia emocional se basa en imaginar a Dios como un tipo iracundo, que lanza rayos y castigos por doquier a los pecadores, con toda la historia de absurdos dogmas religiosos de manipulación y control a lo largo de la historia.

Maya le miró con ojos inquisitivos; pues, aunque el tema era interesante, estaba intelectualmente algo “pesado;” sin embargo, la energía de Atl le motivó a realizar su mejor esfuerzo, por lo que mantuvo la concentración de manera decidida.

—Pequeña —dijo Atl mirándole fijamente— la reconciliación de este galimatías se hace evidente si se acepta como posibilidad que la energía es consciencia y que esta de manera por demás misteriosa y fantástica crea y recrea a la materia.

»Piensa en cómo a los astrofísicos les faltan en sus fórmulas lo que llaman la materia y la energía oscuras; las cuales obviamente no son oscuras, sino invisibles, constatándose esto al admirar las imágenes de mecanismos como el telescopio Hubble[34] con su impresionante definición; pero lo que les falta para cuadrarlo todo es reconocer en este Campo Cuántico a las fuerzas primigenias actuando como ordenadoras universales y, sin embargo, en nuestra pequeña vida diaria actuamos y percibimos la realidad de maneras muy diferentes y particulares.

Maya trataba de manera febril de asimilar la información, ya que como ahijada de los cristales del Akasha; había sido regalada con ciertos privilegios, aunados estos al original de la consciencia de sí misma, pero aun con esas nuevas habilidades no podía comprender tal vastedad.

Atl decidió pausar para que Maya asimilara cosas tan importantes y trascendentales y le dijo tranquilamente:

—Mañana platicamos más acerca de estos temas, ahora descansa.

Maya le miró sin decir palabra, dejándose ir al oír sus palabras, en el relajado atardecer del jardín y su mágico y multisensorial entorno.

Fotografía:: Benjamin Suter. Pexels.

El Bosón de Higgs o la llamada partícula de Dios recién descubierta, en realidad habla del "Campo de Higgs"que en sí, consiste en el campo primordial originado en el Big Bang, y es omnipresente en la Creación y por tener carga positiva frena y atrae a los electrones negativos creando la materia. Es el único campo que sigue vibrando en el cero absoluto, incluso el campo electro magnético cesa de vibrar en estas condiciones.

Capítulo VI

A la mañana siguiente, Atl con renovados bríos y determinación despertó a Maya, la cual con un leve sobresalto y sin haberse despabilado del todo le miró de reojo.

—Verás, chiquita, la realidad aceptada a través de la mayoría de la Creación es que siempre existe un Observador presente observándolo todo, una Consciencia con mayúsculas, la cual mantiene al Todo de manera coherente; en los ciclos de la naturaleza, las formas y potencias que apenas estamos empezando a comprender, la inmensidad del infinito sobre la cual como pequeñas creaturas prácticamente carecemos del poder suficiente para influenciar; lo logramos a un nivel parroquial y extremadamente limitado, a menos de que, por el contrario, nos alineemos a la Consciencia superior que todo lo ordena en secuencias lógicas, sosteniendo e impulsando al Todo, entonces, no hay ya contradicción y todo se ve más claro.

»Igual que un holograma que contiene en sí toda la información necesaria para que las intersecciones de luz en sus ondas pico creen las

imágenes tridimensionales que les caracterizan y que nosotros experimentamos como sólidas.

»Por eso muchos grandes maestros conocedores de tan gran tema nos han dicho que "Dios está adentro," algo aparentemente imposible pues ¿cómo puedes meter al infinito en un dedal?, sin embargo, si consideras el modelo holográfico en el cual en cada punto se encuentra la totalidad de la imagen, entonces no parece tan descabellada esta realidad, tan patente y evidente para santos y sabios conocedores de estos secretos, ahora tan accesibles para todo aquel que lo desee por el punto evolutivo actual de la humanidad.

Ahora sí; Maya sentía que se mareaba, era demasiado, demasiado para ella, demasiada información y necesidad de concentración.

Atl se dio cuenta de que iba muy rápido, pero sus nuevas responsabilidades implicaban que Maya debía avanzar, por lo que lo tomaba muy en serio, sin embargo, entendiendo la situación, se entregó a la sabiduría superior dejando que cayera la noche.

Al alba, después de asombrarse como siempre con la magnificencia del sol naciente a través del Paso de Cortés,[35] Atl caviló acerca de este espectacular valle y sus magníficos designios superiores en futuras líneas de tiempo y se deleitó con la neblina que perezosamente se levantaba frente a los volcanes a lo lejos en un paisaje sereno y vaporoso.

Maya dormía plácidamente, arrullada por la caricia del agua en su relajante murmullo que le acariciaba de pies a cabeza.

Al poco rato, Atl le dijo de manera cariñosa.

—¡Despierta pequeña!, es momento de continuar nuestra conversación.

Maya poco a poco, abrió unos ojos que reflejaban curiosidad y le fijó la mirada, se sentía relajada y alerta, con ganas de seguir aprendiendo.

Atl por su parte con aire doctoral, decidió iniciar su nueva disertación escudriñándola, mientras ella miraba hacia lo lejos mordiéndose ligeramente el labio inferior, en un gesto muy femenino; él, en cambio, se regocijaba de la situación, pues esto de tener una alumna que quisiere absorberlo todo, era un golpe de suerte que no había anticipado, así que con excelente ánimo continuó:

—Pequeña, el orden universal está en todo y de distintas maneras esto se puede observar tanto en la Cimática,[36] el electro-magnetismo[37] o la fotografía de moléculas de agua congeladas fotografiadas por el doctor y escritor japonés Masaru Emoto,[38] que demostró que cuando estas están sujetas a distintas vibraciones musicales o de intención a distancia, claramente confirman que el agua tiene memoria y que cuando se le expone a frecuencias de pensamiento, crea en sí formas en su estructura molecular al ser congelada, reproduciendo las intenciones de los distintos actores, en forma que asemejan simetrías similares a copos de nieve o formas geométricas armónicas o inarmónicas según la polaridad de la intención.

»Por lo tanto, aceptando que a un nivel parroquial como en la feria. Nuestra consciencia incide convirtiendo a la energía en materia y viceversa, entonces, piensa; al nivel macro universal,

—¿Quién o Qué lo hace?

»¿Qué observador, qué Consciencia puede tener la potencia y capacidad inaudita para materializar las ondas de los campos cuánticos universales al observarlas?

—¡Prefiero pensar que la luna sigue ahí, aun si no la estoy mirando! —exclamó Einstein enfáticamente; declarando la verdad de que nosotros no sostenemos a la Creación; pues somos incapaces de ello y aun las entidades creadoras *elohim*, solo de hecho lo hacen refractando holográficamente a través de sí la esencia inteligente del Amor de la Luz original de la Fuente.

—Por lo tanto, pequeña, si seguimos una secuencia lógica a partir de lo anterior, es evidente la presencia de una Consciencia absoluta; un observador infinito y sabio que manifiesta

y sostiene al Todo y a todo coherentemente en una danza interminable y extraordinaria; en su miríada de manifestaciones físicas y energéticas; galaxias, constelaciones, estrellas y todos los sistemas creados que mantienen su orden y evolución siguiendo estrictas leyes; ciertamente no creadas por nosotros.

Maya le miraba absorta.

"¡Qué reluciente y sólido era!"

Brillaba de manera cristalina y espectacular; la luz del atardecer se le refractaba creando arcoíris

multicolores que iluminaban el entorno y ella observaba el jardín mientras le escuchaba, sus palabras llevaban poder, información y sabiduría.

Se sintió transportada a un mundo nuevo de entendimiento, sin embargo, notó la decisión de Atl por proseguir, por lo que, asemejándose a una estudiante obediente y atenta se acomodó en el dintel, cruzó los brazos y le miro con atención.

—Querida Maya —dijo Atl de manera grave y seria —el no aceptar la existencia de una Consciencia superior, implica creer a pie juntillas que todo es una chiripa, una casualidad, un accidente sin dirección ni sentido y que, aunque evolucionando, lo hace al azar y sin propósito definido; una verdadera contradicción lógica si se observa objetiva y desapasionadamente el orden natural y evidente de las cosas. Recuerda:

»¡Solo una vida está siendo vivida, solo una sola!

»Tu humilde forma, siendo solo barro y metal te alberga y tú eres una pequeña gran luz que es el Creador mismo en ti.

»La capacidad del ser humano y de todos los seres creados de influenciar su entorno y a sí mismos a través de su intención lo puedes ver cuando un tigre caza, cuando un político habla o cuando un santo reza.

»De estos principios se derivan la magia, las artes marciales, la meditación, la política, los milagros y los libros y escrituras sagradas.

Atl se sintió satisfecho por lo dicho, lo disfrutaba como si fuese la primera vez pues esto de enseñarle a alguien traía un regalo insospechado; el poder recrear y estructurar la propia experiencia de manera inteligible y clara, tanto para Maya como para sí mismo, pero ya era suficiente por un día; Maya se había distraído involuntariamente y ambos se perdieron en la inmensidad del jardín en todas sus riquezas.

Fotografía: Alexander Jawfox. Pexels.

Capítulo VII

Atl despertó rayando el sol y después de una breve pausa exclamó.

—¡Levántate! Hoy es un día especial, pues vamos a platicar de esencia y cómo esta es entendida en esta tercera densidad o 3D en la que estamos; dimensión es un término incorrecto en este contexto, ya que implica una cantidad vectorial en el espacio, representada en los ejes x, y, z cartesianos;[39] esta explicación de dimensiones lleva a contradicciones lógicas, como que un universo de 2ª dimensión sería plano sin altura, o algo aún más difícil de visualizar como serían mundos de 4ª o 5ª dimensión, sin embargo, todas las densidades superiores también se manifiestan dentro de estas dimensiones espaciales, incluyéndose el tiempo, que también tiene estas tres dimensiones y por eso se le llama espacio-tiempo,[40] pues como una unidad todo progresa hacia su conclusión lógica fractal, que siempre es algo nuevo.

Cada final es a la vez un nuevo principio.

Maya intuitivamente visualizó un universo plano y comprendió lo absurdo del término, sin embargo no dijo nada, esperando interesada para ver que más le iba a decir.

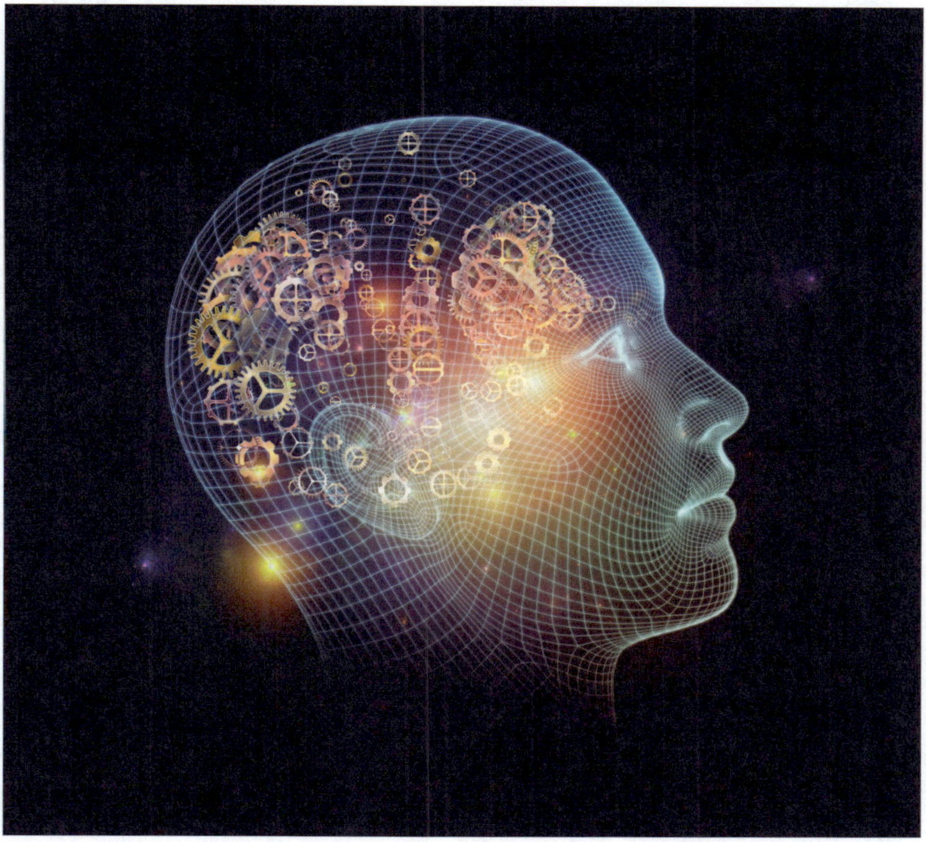

—Los humanos a través de la física, entendieron el concepto de la tercera dimensión vectorial y al mover un objeto a través del tiempo lineal lo llamaron cuarta dimensión o espacio-tiempo y, en este contexto el término es acertado, ya que el tiempo lineal también es una cantidad vectorial, pues tiene dirección y sentido, sin embargo, el término acertado para describir las distintas realidades es "densidad," ya que en esta cuarta dimensión vectorial existimos dentro de los límites vibratorios de frequencia de onda correspondientes a nuestra tercera densidad o 3D, vibrando dentro de sus umbrales inferior y superior, de manera similar a como un receptor recibe las ondas de radio o televisión en sus múltiples frecuencias.

»Te sorprenderá saber que estas frecuencias están directamente relacionadas con el Creador y que la Creación vibra entre trabajo y reposo todo el tiempo y que, en realidad, estamos aquí:

¡Únicamente la mitad del tiempo!

Maya quedó estupefacta, sabía que estaba ahí porque había adquirido consciencia y estaba rápidamente expandiéndola, también sabía que debía poner su máximo esfuerzo para que nada se le escapara; pero la cantidad de información le abrumaba; ¿frecuencias?, ¿espacio-tiempo?, ¿atención e intención?, ¿ondas que se coagulan?, ¿hologramas sólidos? Pero, pero, ahora…

—¿La mitad del tiempo?

Atl le miró con atención especial y le contestó:

Ilustración: Federico Rodríguez Lobato

—Sí, exactamente eso; solo la mitad del tiempo; imagina cómo funciona el cine con sus 24 imágenes por segundo y a esa velocidad el cerebro humano registra un flujo continuo sin detectar interrupción alguna; pues similarmente, el holograma universal centellea multiplicado a una frecuencia y velocidad inaudita entre los polos opuestos entre trabajo y reposo.

Maya pidió *time* con un gesto, por lo que Atl abrió un compás de espera donde ambos guardaron silencio.

Atl, después de un rato viendo que el ocaso se avecinaba dijo:

—Ahora dime —cuestionándola con mirada inquisitiva—¿Dónde piensas que estamos la otra mitad?

Maya, que ya se había distraído, quedó asombrada por la pregunta, sin embargo después de un rato captó su lógica;

"¿Dónde estamos la otra mitad?" —pensó intrigada por una pregunta tan inesperada.

—Esto que te voy a revelar pequeña —dijo Atl seriamente, es un secreto místico; pues el conocerlo abre las puertas al entendimiento del propósito de la Creación, pues al aceptarlo, uno se da cuenta de que "somos" uno en el Creador.

»La consciencia de separación de la Fuente crea confusión y dolor y no hay otra religión más que la de uno encontrarse cara a cara con su Creador.

Acto seguido, sin más miramientos declaró:

—Pequeñita; la otra mitad del tiempo somos el Creador Mismo en reposo, ¡El Creador en reposo!, apostilló, como asombrándose por lo que decía.

»La Díada[41] manifiesta; el cielo y la tierra, lo masculino y lo femenino, el día y la noche, la vigilia y el descanso.

Maya encontraba todo muy difícil, sin embargo, el Akasha le guiaba por múltiples vericuetos intelectuales incógnitos y sorprendentes.

—Esta vibración entre descanso y trabajo es indetectable por medio de artificios humanos y únicamente es accesible por medio de la introspección y entrega en meditación profunda donde uno se funde en el descanso del Creador, ahí se controla y silencia la mente y se encuentra la paz; esto es cosa inherente a la naturaleza humana a través de la disciplina y el esfuerzo; sin embargo, en esta edad de hierro, donde el mundo se tambalea entre el miedo y la confusión propios al actual momento de la historia; la manera más fácil y a

la vez la más difícil para poder lograr detener el frenesí externo, es en ese sitio interior donde el ser humano puede encontrar su conexión con la Fuente al fundirse en el descanso del Creador.

Lo encuentras en el Budismo Zen,[42] en las meditaciones y yogas hindúes,[43] las artes marciales[44] y en la paz de otras disciplinas similares.

Maya tenía la mirada absorta y como en un trance, observaba la miríada de imágenes de monjes Shaolin[45] volando por los aires, katas de karate[46] y meditaciones zen[47] que llenaban su pantalla perceptual.

Volvió hacia él su mirada; era tan imponente, tan grande y brillaba de una manera tan lúcida que sintió una grande y creciente admiración; los amigos de Atl en el Akasha realmente hacían una gran diferencia, ya que generaban una madurez

de deducción, percepción e intuición totalmente imposibles de otra manera.

Continuó absorta admirando los arcoíris que se refractaban a través del monumental cristal y estaba agradecida de poder vislumbrar tal espectáculo; sin embargo, finalmente se distrajo al percibir los insectos multicolores, chupamirtos y caballitos del diablo que llenaban el espacio; todo tiene un límite y Maya hacía rato que había sobrepasado el suyo, así que; desenfocando su vista en el jardín; percibió la matriz holográfica subyacente y fundiéndose en esa visión, poco a poco alcanzó el descanso.

Atl por su parte entendiendo la situación; absorto y en profunda contemplación, admiró las nubes naranja y carmesí del cielo del Anáhuac.[48]

Capítulo VIII

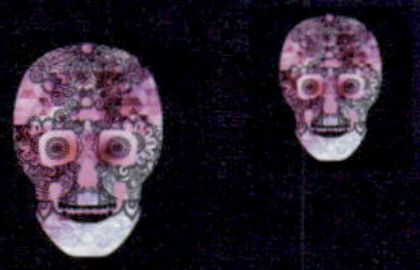

Rayando el alba, Atl, tomando aliento le llamó diciéndole ceremoniosamente:

—El soplo de la vida es lo que anima a toda la Creación y el Campo cuántico que todo lo permea es una característica del Creador; hay que quitarse la concepción de que el Creador prefiere un resultado sobre otro, el Creador simplemente "Es" y para Él lo interesante es explorar todas las posibilidades disponibles en una Creación dada, de las cuales, como ya te comenté, hay infinidad.

»Cada vida está programada a través de mecanismos genéticos y energéticos para experimentar en mundos paralelos todas las opciones de su propia vida; de su guion, para experimentar todo lo que le toca a través de los denominados Momentos cuánticos,[49] ya que si como dice el Principio de incertidumbre de Heisenberg[50] cualquier partícula lleva asociada una onda, o mejor dicho *es* una onda y puede aparecer en donde se le busque en cualquier punto de su órbita alrededor del núcleo; la cual es en realidad cómo una nube de posibilidades; entonces pregúntate:

¿Por qué no entonces todas al mismo instante, paralelamente entre sí, una y otra y otra vez en el río del tiempo?

Esta realidad cuántica ya se toma muy en serio por partes de la academia en la denominada teoría del Multiverso,[51] aunque la mayoría se burla y lo considera una fantasía.

—Ahora, chiquita, es temprano, hace hambre y podríamos tomar como ejemplo desayunar. ¿Qué se te antoja?

Hay tantas opciones, especialmente si eres una calaquita mexicana con hambre, ya que prácticamente podrías desayunar algo distinto y sabroso cada día del año y aún más, le dijo con antojo.

—Sin embargo, para que el Creador pueda experimentarlo todo a través de tu experiencia, tendrías que desayunar huevos rancheros, oaxaqueños, en salsa verde, torta de chilaquiles o de tamal verde o de rajas en la misma sentada; pero sería demasiado ¿o no?

Maya le miró desconcertada, la información que recibía le describía las características gastronómicas de garnachas y sopes, pero realmente nunca las había probado, aunque las sintió exquisitas.

—¡Maya! —exclamó Atl —¡Nunca te podrías comer todas las posibilidades de un desayuno mexicano!; todo se apetece, tacos sudados, huevos a la mexicana, veracruzanos o con machaca, pero como no podemos comerlos todos, ¿cómo los acomodas?

»¡Fácil! El Creador en su inmenso ingenio provee un mecanismo de múltiples realidades simultáneas, en las cuales tú, yo y todos los demás vivimos y experimentamos todo lo posible supervisados por nosotros mismos a través de nuestra sobrealma o yo superior sin percatarnos de ello.

»Este multiverso es creado como ayuda y herramienta para el aprendizaje de todas las creaturas y a la vez cómo fuente de experiencias para el Creador. Y al final de cada creación todas las experiencias paralelas se subsuman en cada consciencia individual, en cada sobrealma.

»Al percibir de manera intuitiva esta progresión evolutiva. los místicos lo han llamado ascensión,[52] pues como el movimiento siempre es positivo, en cada punto de decisión la realidad se desdobla una y otra y otra vez en momentos cuánticos fractales[53] para acomodar todas las posibilidades *posibles* para cada punto de decisión y si estas son positivas, la frecuencia individual se incrementa ascendiendo.

»Este ingenioso mecanismo provee al Creador de todas las experiencias posibles dentro de los parámetros que llamamos leyes naturales dentro de cada densidad y los puntos de decisión o momentos cuánticos se ramifican de manera similar a los fractales estudiados por las matemáticas avanzadas; tales como el Mandelbrot[53] y hemos estado como premio a nivel sobrealma muy ocupados degustando y aprendiéndolo todo, lo bueno y lo malo; la vida, la muerte y el amor —le dijo con un leve gesto de nostalgia.

Acto seguido pausó por un largo rato, como sopesando lo que estaba diciendo y aunque eran cosas que ya se sabía, no las había considerado últimamente y recordarlas le proveía de un placer callado e íntimo.

Atl de nuevo la observó, mientras que ella placenteramente había decidido tomar el sol a sus anchas mientras que el agua le acariciaba suavemente y entornaba la mirada hacia el cielo, pues sentía una obvia aceleración en su frecuencia y la estaba disfrutando al máximo.

Atl continuó diciendo con aire grave:

—Todos somos uno, somos una chispa en el infinito mar de Luz que Es la Vida dentro del Todo y el Juego de Dios es de una complejidad tal que aun los *elohim* no tienen otra opción más que la de postrarse y alabar tan grande ingenio. Ahora te preguntarás:

»¿Por qué si todos somos uno, hay guerras y miseria, a la par de paz y solidaridad? Maya le miró intrigada ante tal cuestión.

»Pues verás —dijo con aire docto y magistral, contestándose su teórica pregunta

»El Creador, para agregarle más salsa a Su obra, a Su sueño, a Su juego, creó dos polaridades

que generaran múltiples tensiones al ser opuestas entre sí.

»Al principio solo había una, que sigue siendo la más elevada, donde todo es paz y amor; sin embargo, al transcurso del tiempo todo era demasiado aburrido y monótono, ya que no había acción ni tensión, solo paz.

»El Creador al ver esto, imaginó un nuevo paradigma para las densidades inferiores y creó la polaridad entre dos opuestos, para en esta encontrar en sus múltiples mezclas los ingredientes necesarios para historias espléndidas, dramáticas y muy entretenidas; en donde la proverbial y apasionante lucha entre el bien y el mal se despliega en incontables vericuetos que son vividos por todos los actores durante las inconcebibles duraciones de cada creación específica; de cada sueño del Creador, de principio a fin, en las múltiples encarnaciones materiales propias a cada proyección de vida, ya que todo es consciente, aunque a nosotros no todo nos parezca vivo.

Atl se volvió a contemplar lo dicho, sintiendo un ligero estremecimiento ante su vastedad.

—Estos polos son conocidos en la generalidad de las densidades por sus dos orientaciones básicas, aunque en realidad todo es una danza constante entre ambos. El primer polo es de características positivas y podríamos llamarlo como el de "Servicio a los demás" y su contrario, de características negativas como el de "Servicio a sí mismo".

»Altruismo contra egoísmo, amor contra miedo; comprensión contra intransigencia, paz contra guerra.

»Estas contradictorias tendencias en su constante interacción son las que a través del drama, éxitos o fracasos en la vida nos impulsan a entender más, a saber más y finalmente a buscar nuestra propia orientación y polaridad y así encontrar la respuesta de quiénes somos, ya que cada uno es distinto e irrepetible.

»Sin embargo, en estos tiempos revueltos donde las notas finales están siendo tocadas y la cosecha del "fin de los tiempos" es inminente; las polaridades en cada línea de tiempo potencial futura están atrayendo con mayor fuerza a cada uno hacia su propia mezcla y esencia.

Atl se miraba serio, la luz del ocaso pintaba de tonos dorados y violetas las nubes al poniente, dibujando la silueta del San Miguel rumbo a Toluca y el jardín era un festín de vida debido a las recientes lluvias y la fuerza vital impulsaba sus manifestaciones en cada rol como parte del Todo.

Atl después de una pausa decidió continuar:

—Esta cosecha mencionada en todas las Escrituras se refiere a la consolidación o fusión en el fin de este gran ciclo, de todas y cada una de estas vidas vividas paralelamente por cada uno de nosotros en un solo punto individual de consciencia; igual a la punta del Mandelbrot y así cada uno ser sembrado en una nueva Creación para continuar eternamente en un nuevo ciclo en la búsqueda de nuevas experiencias para el Creador con cada uno de nosotros como sus protagonistas.

»Cada individuo se está alineando de acuerdo a su propia polaridad y esencia y continuará la línea de tiempo que le corresponda de acuerdo a su propia mezcla entre altruismo y egoísmo y cada uno vivirá su destino único e irrepetible en otros grandes arcos de experiencia.

Atl la observó mientras ella estaba absorta en sus pensamientos, alcanzó a percibir las reacciones bio-eléctricas en su cabecita de barro, las cuales bailaban creando brillantes conexiones azules y doradas y sintió un mesurado orgullo por ello, sin embargo, consideró que era suficiente por un día y con la mirada se lo indicó.

Ambos guardaron silencio.

Fotografía: Ivsplash.

Imagen de los imponentes cristales de > cuarzo presentes en los incontables túneles y cavernas de la mina de Naica en el Estado de Chihuahua, México.

Capítulo IX

Al despertar después de una noche larga en la cual como cristal de roca de alta sabiduría y alcurnia, Atl había accedido a la mente grupal del Akasha, conformada por la unión de infinidad de imponentes cristales de formas perfectas; los guardianes de la memoria infinita de la Creación, tanto en 3D como en densidades superiores y ahí se fundió pidiendo Gracia para dar a Maya lo necesario; que era mucho, para que cuando llegue el momento, la lleve consigo a otras nuevas y apasionantes aventuras.

Estimado lector; vemos por esta actitud que Atl ya estaba encariñándose con Maya y desde un punto de vista meramente estético; la verdad, sí que era una calaquita joven y bastante atractiva, así que con renovado entusiasmo exclamó:

—Maya, despierta, te tengo una sorpresa.

Maya abrió los ojos somnolientamente y le miró un poco aturdida.

Atl le indicó con un gesto el inicio de la conversación:

—Pequeña, cortesía de tus ángeles y protectores iremos a un viaje padrísimo; perfecto para ilustrar nuestro tema.

Maya le miró diciéndole ya bien despierta:

—¿Un viaje? No parece que me pueda mover mucho de donde estoy sentada —le replicó— ¡Además estoy muy cómoda! —exclamó sonriendo.

—Mira —le dijo Atl— el gran físico Einstein, descubrió intuitiva y matemáticamente que el tiempo corre a velocidades distintas cuando es medido entre cuerpos que se mueven en direcciones y velocidades dispares entre sí y a esto lo llamó relatividad, ya demostrado prácticamente al sincronizar dos relojes; uno en tierra y otro en un avión volando en sentido contrario al giro terrestre y al comparar el tiempo registrado entre ambos, dio por resultado una diferencia; que aunque infinitesimal, ¡Es diferencia al fin!

Esta relatividad entre objetos con movimientos dispares y medido en sus relaciones entre sí crea paradojas muy extrañas, como, por ejemplo, que para alguien en la Tierra mil años equivaldrían a solo uno para otro viajando cerca de la velocidad

de la luz, por lo que al regresar encontraría un mundo muy distinto.

—Sin embargo, ni él, ni ningún otro físico ha descubierto la parte inversa de la ecuación; el tiempo-espacio, pues su percepción es intuitiva e inasible, o sea que, ¡Es lo mismo, pero no es igual! Como ves, al Creador siempre le encanta encontrarle vericuetos a todo: ¡Para experimentarlo todo!

»El tiempo-espacio es el mundo de los sueños; el de los magos y las brujas, el de las ensoñaciones Toltecas y Mayas; el de los viajes astrales y los sueños lúcidos, donde si logras mantener tu atención puedes crear tu entorno.

»Ahora prepárate para una experiencia única; yo te llevaré de la mano, así que concéntrate en tu respiración, déjate llevar por su balanceo y sueña, yo seré tu guía.

Maya hizo lo que Atl le indicaba y poco a poco se relajó y una gran paz la envolvió con una luz con reflejos multicolores como los que había observado cuando a Atl se le refractaba el sol.

Él le susurró al oído;

—Tienes que dejarte ir, transmuta tu forma y percepción dentro de este mundo sutil; donde el acechar y el ensoñar son parte del camino sagrado de estas tierras; donde el nagual[54] y el tonal[55] se mezclan en una danza mágica y fantástica. Así que respira y observa su vaivén, es la clave.

Maya hizo según instruida y poco a poco la increíble sensación y realización de la fuerza primigenia le absorbió; cosa fácil y conveniente, ya que su mente estaba relativamente limpia.

Maya, de pronto se encontró en un cuerpo humano; sentada en una playa de arenas blancas y mar turquesa cerca de Tulúm,[56] era una joven de bellas facciones y moldeada figura; portaba una vaporosa y discreta vestimenta que le acariciaba con la brisa; a su lado estaba él, pero en vez del cráneo esculpido en cristal de roca, vio a un bronceado joven atlético y sonriente, cuyos ojos verde limón de inmediato captaron su atención,

—¡Hola! —le dijo Atl con una gran sonrisa— bienvenida al mundo de los sueños lúcidos, donde creamos nuestra realidad de acuerdo a nuestro poder personal. El que puedas estar aquí es algo muy especial, si consideras que eres una calaquita de barro y alambre creada hace solo unos días, pero el destino te ha puesto en mi camino y en tu honor recibe este bello escenario para que aprendas las bases que siempre llevarás.

Maya se volvió a verle y con una mirada inocente y un poco coqueta le dijo.

—¡Que *padre* está todo esto! Las palmeras, la playa y el sol…

"¡Me encantaría un poco de aceite de coco*!*", se dijo para sus adentros, jugueteando con la arena.

Atl por su parte, absorbía la luz del sol en su bien bronceada piel y mantenía un gesto de determinación por el plan a seguir; así que volviendo su vista hacia el mar se levantó ágilmente y caminó unos pasos sobre la arena como buscando algo; de pronto se inclinó y levantó un caracol de mar y volviéndose exclamó sonriente:

—¡Este está perfecto!

Acto seguido se sentó junto a ella y le dijo:

—Mira, pequeña, este caracol es como un audífono hacia la Fuente, dentro de él puedes oír claramente el respirar de la Creación— acto seguido se lo dio y dijo— Ponlo junto a tu oído derecho y escucha atentamente.

Maya hizo según instruida y acomodándose en la arena escuchó con atención.

De pronto, el sonido del respirar de la Creación le invadió quedándose quieta por largo rato; dentro del sonido percibió el devenir de lo creado, el balance y armonía del todo en una vibración total e incluyente y disfrutando de esa paz que sentía, se arrulló en la sinfonía celestial intrínseca.

Maya no tenía ninguna intención de dejar el caracol y Atl, después de unos instantes, intuyendo

que la lección ya había sido aprendida le tocó discretamente en el hombro.

Maya poco a poco abrió los ojos y le miró inquisitiva:

Atl dijo en voz muy baja, casi un susurro.

—Ahora observa el mar infinito, una de las grandes maravillas de la naturaleza; el mar con su energía primordial como placenta de la vida; percibe su flujo y reflujo, fúndete en el sonido del mar, exclamó, dándole otra ligera palmada en la espalda.

Maya sintió un cambio súbito en su atención y se concentró de inmediato en el ir y venir de las olas y muy especialmente su estruendo al romper en la playa, seguido por el murmullo del suave reflujo de incontables burbujas reventando sobre la arena.

De inmediato detectó la similitud entre el viento del caracol y el sonido del mar, quedando extasiada al comprender que ambos eran como hermanos; expresiones de una misma cosa.

Tan absorta quedó Maya que perdió la noción del tiempo y solo fue hasta que Atl la volvió a tocar que ella salió de su ensimismamiento.

Atl le miró con esos ojos verde limón refulgentes y Maya sintió que se derretía; pero haciendo un gran esfuerzo mantuvo la compostura y le miró con un aire muy femenino de indiferencia; Atl, por su parte, de buen humor continuó.

—Verás, para cerrar este triángulo de percepción, conocimiento y verdad, te pido que olvides toda esta belleza externa y te concentres en tu interior; cierra los ojos y pon las palmas de las manos sobre tus oídos y elimina todo sonido externo; escucha atentamente, escucha tu respiración, eso que te mantiene viva en su incansable ir y venir y que en realidad es la vida misma.

Maya diligentemente hizo lo indicado y como suave bálsamo escuchó su respiración por vez primera y el impacto fue profundo; la vibración en su pecho y a lo largo de su columna de alambre le produjeron un cosquilleo sabroso, un ir y venir que rítmicamente le sostenía, entre más profundamente respiraba, más sonaba como el mar, ¡Era increíble! ¡Igual que el mar!

En tal estado encontró una paz y amor deliciosos y como un sueño recordó su ansiedad por ser solo una simple calaquita colgada de un mecate en La Ciudadela y sus aprensiones y temores ante lo desconocido.

Atl le observaba atentamente y tuvo que aceptar que todo en ella era bello y por un momento deseó permanecer ahí más tiempo y cediendo a un impulso primordial se le acercó y con gran ternura la besó en la mejilla con un humedecimiento en los ojos; sin embargo, sabiendo que el tramo era largo y el tiempo corto se conformó con ese ligero toque de cariño y así, dando un suspiró continuó.

—El tema, pequeñita, es que vivimos en un mar de Dios, un océano inconmensurable de luz y vibración, lo sentiste al darte cuenta de que el caracol, el mar y tu respiración son expresiones distintas de una misma cosa, de una misma vibración.

Maya le escuchaba cada vez más y más distante y sintiendo sueño se durmió, de pronto retomó consciencia sentada en su cómodo dintel, con la suave caricia del agua que le bañaba suavemente.

Foto: Xavier Coiffic. Unsplash.

Fotografía: Jay Alekshman. Unsplash.

Capítulo X

Estaba conmovida; ser ella esa muchacha joven y bella; la playa, el mar y sobre todo Atl; tan guapo y amable, tan sabio y comprensivo ¡y ese beso!, sin embargo, se ajustó a su realidad y se resignó.

Atl también tomó un rato en despertar su percepción, pues había disfrutado el viaje tanto o más que ella; sin embargo, poco a poco retomó dirección y le volvió la vista mirándola con cariño.

—Verás, pequeña, esta joya que te ha sido regalada en nuestro pequeño viaje es para entender y realizar la unidad en todo como un flujo y un reflujo, cómo una palpitación, cómo una oscilación y descubrir al fin en tu respiración la herramienta perfecta de control y conocimiento propios.

»El caracol, el mar y tu respiración forman una trilogía mágica; un triángulo poderoso de entendimiento y aprendizaje en la enseñanza del arte de ser tú misma.

Maya sentía que se mareaba; era cómo correr una *Triumph 2500* a fondo y veía como los conceptos e ideas se mezclaban creando nodos y sinápsis de entendimiento y realización dentro de sí misma.

Él, con tono pensativo le dijo lentamente.

—Comprende que la asignatura final en esta densidad en la que hemos vivido incontables encarnaciones, es la de alcanzar la fusión de la voluntad personal con la voluntad del Creador, "no mi voluntad sino la Tuya" fue como fue dicho hace 2000 años y sigue siendo válido hoy, el dolor es un motivador típico, ya que en la comodidad no es tan fácil, aunque sí ciertamente posible, entender que las respuestas están adentro, pero para alcanzar esta madurez hay mil obstáculos en el camino que bloquean la propia intuición.

»Verás —dijo Atl poniéndose cómodo y con un ligero aire académico—. Lo que experimentaste en tu viaje son tres manifestaciones de una misma cosa, tanto dentro como fuera de ti y encontraste paz y gradualmente elevaste tu frecuencia y consciencia, pues están interrelacionadas y son dependientes las unas de las otras.

»Un tema existencial fundamental para el hombre moderno es aprender a controlar la mente y sus miedos y complejos asociados; la mente entendida como la voz proveniente de la materia, la que es producto de reacciones bio-químicas en el cerebro; esta, por cierto, no es la consciencia, aunque actualmente están tan revueltas que es difícil diferenciarlas.

»Cada ser cuenta en su forma con el equipo necesario para manifestar a la consciencia dentro de las capacidades de su materia propiamente dicha y en este contexto, el cuerpo humano es como un aparato receptor y emisor, que debido a su configuración es capaz de acceder a los más altos rangos de frecuencia.

»Desde esta perspectiva, el ser humano cuenta con todo lo necesario para expresar la consciencia a un nivel superior; pero para hacerlo en cada foco de atención; en cada vida, debe superar el parloteo.

»En esta época de dislocamiento espiritual, donde se pasa por alto la propia divinidad, el hombre ha olvidado su respiración como el remedio infalible para controlar la mente, encontrar la paz y reconectarse con la Fuente.

»La mente material o ego es como un disco rayado; como una cacatúa parlanchina, una guacamaya delirante que repite pensamientos una y otra y otra vez, sin pausa ni reposo; de día y de noche, nublando el entendimiento y condicionando la voluntad, creando una sociedad adormecida por los fármacos tratando de tapar el sol con un dedo.

“¿Una *cacatúa?*”, se preguntó a sí misma Maya desconcertada; de inmediato una serie de veloces imágenes cruzaron su mente; pericos, guacamayas y cotorras adornadas todas por combinaciones cromáticas perfectas de amarillos, azules y rojos en pleno vuelo, pero, pero...

“¿Una cacatúa qué tenía que ver con el tema?”, se dijo para sus adentros.

—Verás —dijo Atl con rigor académico.

Este disco rayado es el ego, el yo pequeñito y esclavizado por miedos y complejos, ese que es fácilmente manipulable por la propaganda y sus

hijas predilectas, la mercadotecnia y la publicidad; reinas en esta época junto con los medios de comunicación en un asalto enorme y avasallante de control, el cual condiciona la percepción de acuerdo a intereses distintos al propio.

»Para controlar el ego y la mente, se necesita una fuerza superior a ellos y que no dependa de la misma mente para ser, por eso mantras y rezos, aun siendo de gran ayuda, no pueden lograrlo por completo, ya que es como jugar vencidas con uno mismo; pues son producto y no origen de la mente.

»Cuando duermes, la respiración continúa sosteniéndote y si se detiene mueres y al final de nuestro viaje terrenal, solo ella quedará y ella, pequeñita, eres tú.

»Vive tu respiración, pues es ahí en donde el Creador y tú son uno mismo.

»Mira pequeña, lo primero que hacemos al nacer es inhalar y lo último exhalar; la respiración la llevas contigo y es tu más fiel compañera, pues como la respiración es la vida misma, es superior a la mente y por lo tanto superior al ego, así que, si te concentras en ella y tratas de suspirar continuamente, poco a poco te alinearas

realmente con la voluntad divina y calmarás ese parloteo a voluntad.

Maya estaba anonadada, era como ir en el *Star Trek* a *Warp 9,* observando galaxias y estrellas refulgentes a su alrededor en una visión alucinante.

Atl prosiguió:

—Los Toltecas lo llamaban "detener el diálogo interno" y lo interesante, pequeñita, es que cuando lo logras y borras la cinta, tú sigues ahí; observando y disfrutándolo todo, plenamente consciente y operante.

»Tu respiración es el Espíritu Santo,[57] es el soplo de la vida dentro de cada uno de nosotros y es el más grande secreto que como meta a descubrir tenemos todos y lo increíble es que está escondido a simple vista, pues lo tenemos literalmente bajo nuestras narices.

»Así que descansa, cierra los ojos y sigue tu respiración en su vaivén de confort.

Maya cerró los ojos y sintió la caricia de los rayos del sol en el jardín, el agua que la bañaba le llenaba de paz y arrullándose en sí misma se durmió plácidamente.

Capítulo XI

Había amanecido un día esplendoroso y Atl, como buen madrugador que era llevaba rato concentrado en su aliento; pues él había sido iniciado en épocas remotas en las prácticas más secretas de la meditación; el *Raj Yoga*[58] o camino supremo; aquel que *Krishna*[59] le enseñó al gran príncipe *Arjuna*[60] cuando en el campo de batalla se enfrentó al grave dilema de tener que matar o morir en contra de su propia sangre y parientes en la gran guerra del *Mahabharata*[61] y que, al flaquear abrumado por el peso de tal disyuntiva, como se lee en el *Bhagavad Gita*,[62] *Krishna*, en su Voluntad Divina decidió tocarle y mostrarle la Luz de mil soles dentro de sí; iniciándole en el camino personal supremo de experimentar al Creador cara a cara y así afrontar su obligación de linaje con el desapego propio de un gran guerrero, el cual debe cumplir siempre con su deber.

Atl llevaba milenios de práctica diaria, pues le servía para mantener los canales energéticos en conexión prístina con el Akasha y de devoción con el Creador; y nunca dejaba de asombrarse de la belleza, poder y brillantez de la Luz primigenia.

Era maestro en estas técnicas secretas y las guardaba celosamente..

—Atl volvió su vista hacia Maya y la vio con cariño, mientras ella, muy a su manera, dormía a

pierna suelta en su dintel y lucía una leve sonrisa, síntoma de que estaba a gusto; así que decidió esperar hasta que por sí misma despertara.

Ya entrada la mañana, mientras Maya seguía roncando; Atl observó en la terraza de losetas de barro a Coco, una hermosa gatita blanca persa, igualita a las de los malos en las películas de James Bond la cual era parte intrínseca de la familia del jardín, era muy consentida y cariñosa y era pareja con Candy; un imponente macho persa de color durazno y gran elegancia igual que ella.

—Hacía unas semanas Coco, había dado a luz a cuatro gatitos; dos niñas y dos niños, por lo que Candy, como buen padre que era, se acurrucaba feliz con su familia en el cómodo nicho que el dueño del jardín les había preparado para tan importante acontecimiento; pasadas ya unas semanas, los gatitos que eran muy aventureros, seguían a su padre por todos lados, tratando de emboscarle a cada oportunidad.

De pronto, Candy y los gatitos salieron de la casa en una pequeña carrera y se acercaron a Coco, que ya estaba bien acomodada bajo la sombra del fragante Pirul que cubría de sombra la terraza.

Atl, sopesando la situación, percibió la oportunidad de enseñarle a Maya un concepto muy importante, así que sin pensarlo más la llamó con voz imperativa.

—¡Despierta! Tenemos cosas que platicar.

Maya abrió un ojo y solo se acomodó más volviéndole la espalda.

—¡Despierta! —le dijo de nuevo —¡Hay mucho que hacer y eres la última en levantarte!

Maya poco a poco se desperezó y le miro con mirada inquisitiva, pues sabía que cuando Atl agarraba un tema no lo soltaba y generalmente eran súper interesantes.

Atl, al ver que ya había captado su atención dijo con un tono peculiar:

—¿Ves a esos lindos gatitos?

De inmediato Maya sin saber ni cómo encuadró en zoom[63] a toda la bella familia felina, destacándose de inmediato los bebitos, que fieramente cazaban la cola de su padre, quien orgulloso la meneaba de un lado al otro, mientras los gatitos hacían piruetas tratando de atraparla mientras Coco les miraba con orgullo.

Maya de inmediato sintió gozo, ya que eran una visión exquisita.

—¿Te gustan? Fíjate bien.

»¿Ves alguna diferencia entre las proporciones o relaciones de tamaños de las partes del cuerpo de los bebes con las de sus mayores?

Maya de inmediato se percató de que las cabezas de los gatitos eran mucho más grandes en relación a sus cuerpos comparándolas a las de sus papás, las cuales eran relativamente más pequeñas.

Lo más impresionante, se dijo Maya, era que todos eran bellísimos y súper adorables y el verlos invitaba a acariciarles y escucharles ronronear deliciosamente.

Maya se quedó pensativa sin encontrar una explicación lógica del porqué podía ser esto posible,

—¿Cómo podían ser tan distintos y al mismo tiempo ser tan iguales?

Atl tomó la batuta y dijo como saboreando la situación.

—Mira, pequeña; esto que te voy a platicar es algo muy profundo y original y es la matriz o plantilla que el Creador utiliza para crearlo todo.

»El Creador es un diseñador genial y para poder proyectar la vida de manera coherente, bella, en crecimiento y evolución, imaginó la relación perfecta de tamaños entre dos partes o porciones de una misma cosa, de un todo.

»Esta proporción permite el nacimiento, crecimiento y evolución armónico de todo en la Creación.

»Este patrón universal es omnipresente y se resume en la atemporal máxima:

"La menor es a la Mayor, como la Mayor es al Todo."

Maya trataba de entender mientras recibía destellos de información desde el Akasha, pero aun así no podía poner el concepto en perspectiva.

—Mira —dijo Atl haciendo un gesto envolvente en el cual Maya vio aparecer una gran pantalla en donde dibujó una línea recta horizontal delimitada por dos puntos—. La tarea es encontrar un punto de división en la recta en el cual se cumpla con la sagrada máxima primordial:

"La menor es a la Mayor; como la Mayor es al Todo."

Maya solo le miraba, absorta en el tema, pues, aunque no lo tenía claro; le intrigaba, pues la manera en la cual Atl le enseñaba siempre era como con acertijos, adivinanzas por resolver y eso despertaba su natural curiosidad.

—Ahora piensa, ¿de cuantas maneras puedes dividir esta línea para que se cumpla con la máxima básica?

Maya se rascó la cabeza y no supo qué decir, así que Atl continuó.

—Si dividimos la línea en dos por la mitad es lo que llamamos simetría y aunque es bella, no tiene movimiento; está en equilibrio.

Maya captó de inmediato, indicándoselo con la mirada.

Imagen: Soren Berger.

—Solo son mitades, o sea que no hay ni menor ni Mayor, pues ambas son iguales y el Todo es del doble de su tamaño, por lo que la máxima no se cumple

»Ahora vayámonos al siguiente paso:

»Un tercio; como ves, aquí tampoco se cumple la máxima, ya que la menor (1/3) es a la Mayor (2/3) solo su mitad y la Mayor (2/3) es solo dos terceras partes (2/3) del Todo (3/3). por lo que, para cumplirse la máxima, el Todo debería medir (4/3); pero solo mide (3/3), por lo que tampoco se cumple con el requisito básico.

Maya trataba de no perderse en los quebrados, pero finalmente algo entendió, sintiendo de pronto un leve estremecimiento.

—Verás, pequeña; el Creador como siempre se las ingenió de una manera maravillosa para poder concebir sus creaciones y habiendo ideado el número y la medida decidió coronar a uno como el preeminente soberano.

»Su Majestad; el Número de Oro[64] o Fi Φ en griego y que es la expresión matemática de la relación 1:1.618, o 1: 0.618, como patrón universal donde la Mayor, la menor y el Todo son intercambiables y todas pueden en su momento ser el "1" o Φ o el Todo indistintamente según la perspectiva.

Atl continuó haciendo una gran reverencia.

—Y como su Reina y consorte, el Creador dio de Sí Mismo a la Creación la expresión matemática π[65] (Pi) 3.1416 como la Madre de las esferas celestiales y expresión espacial y matemática del principio femenino.

Maya ponderó todo lo anterior e inocentemente le preguntó.

—¿Coronar a uno?

—Sí —le dijo Atl seriamente— Solo a uno, el Rey de los números; aquel que es la expresión matemática de la división gráfica de una línea en un punto donde se cumple la máxima; pues en ese punto, en esa proporción; en esa Divina Proporción[66] como la llamó Luca Pacioli[67], es donde se permite que cualquier ser nazca, crezca y evolucione manteniendo siempre la armonía entre sus partes; desde embrión hasta adulto, siguiendo fielmente el diseño original escrito y codificado meticulosamente en la información genética en toda la Creación.

Maya estaba como en trance, pero poco a poco su entendimiento se expandía sin saber ni cómo y sentía una cercanía con los significados, aunque no los podía cohesionar inteligiblemente.

Atl de inmediato con voz serena le repitió.

—"La menor es a la Mayor, como la Mayor es al Todo". ¡Imagínalo!

Cuidadosamente la observó mientras que ella se deleitaba con un sinnúmero de flores, caracoles y girasoles que se transmutaban en múltiples imágenes cromáticas tridimensionales que él le proyectaba.

Atl, después de ponderar todo lo anterior, decidió profundizar en el tema por su importancia.

—Este número se le ha simbolizado desde hace mucho como Φ (Fi) en honor del nombre del mítico arquitecto y escultor griego Phidias[68] y es el resultado de la maravillosa simplicidad del Creador al idear la serie armónica conocida actualmente como de Fibonacci.[69]

»Es muy fácil, mira, solo empiezas por el uno y a este le sumas otro uno y te da dos, a dos súmale uno y te da tres, a tres súmale dos y te da cinco y a cinco súmale tres y te da ocho y así sucesivamente.

—¡Mira! —le dijo Atl, proyectando en la pantalla el número "1" —Ahora, ¡hazlo tú! súmalo al anterior que en este caso es el mismo "1".

Maya obedeció y vio en su pantalla perceptual las cifras 1 + 1 =2.

SERIE ARMÓNICA DE FIBONACCI

Espiral Áurea

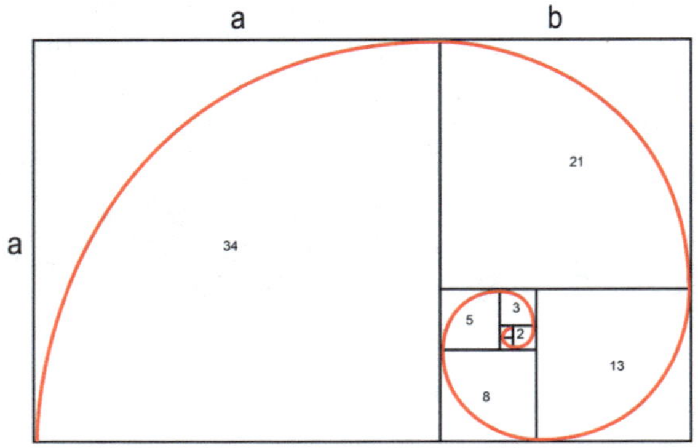

$$\Phi = \frac{a+b}{a} = \frac{a}{b} = 1{,}618 \qquad F_n = F_{n-1} + F_{n-2}$$

—Ahora continúa sumando el anterior al nuevo.

Acto seguido Maya dijo:

—1 + 2 = 3 ¡tres!

—Exacto, ahora sigue y verás lo que te sale.

Maya continúo añadiendo el anterior al nuevo y de pronto dijo con la mirada fija,

—¡1, 2, 3, 5, 8, 13, 21, 34, 55, 89, 144!...

—Ahora hazlos quebrados —dijo Atl.

Maya se quedó atónita, tratando de entender, sin embargo no pudo, por lo que volviéndole la vista le transmitió su desconcierto.

—¡Es muy fácil! Mira.

1/1, 1/2, 2/3, 3/5, 5/8, 8/13, 13/21, 21/34, 34/55, 55/89, 89/144... etc.

—Ahora si los representas de manera decimal, los resultados de las divisiones te dan:

»En la primera 1, en la segunda 0.5, en la tercera 0.66, la cuarta 0.6 y así sucesivamente y como puedes ver en la gráfica de onda que se forma; todos los resultados se alternan en sus crestas y valles en relación a su eje longitudinal que se resume en la relación 1: 1.618 o 1: 0.618…

Los resultados graficados de los quebrados anteriores "vibran" en puntos arriba y abajo del eje áureo, pero nunca lo alcanzan; Φ es un número "irracional" infinito, o sea que no tiene raíz y por lo tanto nunca se acaban de generar más dígitos al buscarla; igual que π (pi), el cual también es irracional e infinito y representa las veces que el diámetro de un círculo cabe en la circunferencia o perímetro del mismo, concluyó mirándola fijamente, queriendo comprobar su comprensión.

Maya por su parte, lentamente iba comprendiendo cada vez más, pues las ayudas audiovisuales holográficas eran muy didácticas y de fácil comprensión.

Atl, quiso ampliar el tema, por lo que continuó diciéndole:

—Estos conocimientos en épocas antiguas durante la Sat Yuga[70] o edad de oro, le eran enseñados a los niños al principio de su educación junto con las tablas de multiplicar, sumar y dividir, lo que les permitía lograr desde temprana edad una perspectiva correcta de su relación con la naturaleza y el Creador, pues eso se logra fácilmente al reconocer la obvia presencia de Φ en el diseño del propio cuerpo y todo en la naturaleza logrando con ello el entendimiento del origen de la belleza.

Sin embargo, en esta Kali Yuga[70] o edad de hierro actual, estos conocimientos se han escondido junto con muchos otros para mantener al populacho distraído con "pan y circo," manteniéndolo ignorante y dócil, fácilmente manipulable por la propaganda, la cual a base del miedo vende seguridad a cambio de conformidad y silencio..

La voz de Atl había tomado un todo grave y sombrío al pronunciar esto último y después de guardar silencio en lo que le pareció a Maya una eternidad, cambió el tono y amorosamente le dijo:

—Descansa, mañana será otro día.

Maya, que ya tenía sueño de inmediato se durmió, soñando durante la noche en espirales, quebrados y proporciones mientras la luz de la luna le iluminaba suavemente en su dintel.

LUCA PACIOLI

LA DIVINA PROPORCIÓN

¶ OBRA MUY NECESARIA A TODOS LOS INGENIOS PERSPICACES Y CURIOSOS, CON LA QUE TODO ESTUDIOSO DE FILOSOFÍA, PERSPECTIVA, PINTURA, ESCULTURA, ARQUITECTURA, MÚSICA Y OTRAS DISCIPLINAS MATEMÁTICAS CONSEGUIRÁ SUAVÍSIMA, SUTIL Y ADMIRABLE DOCTRINA, Y SE DELEITARÁ CON VARIAS CUESTIONES DE SECRETÍSIMA CIENCIA. ¶ *TRADUCCIÓN DEL ITALIANO, DE LA EDICIÓN DE 1509, POR RICARDO RESTA.* ¶ *PRÓLOGO DE ALDO MIELI.* ¶ *SONETO DE RAFAEL ALBERTI.* ¶ *VEINTICINCO LÁMINAS EN HUECOGRABADO.*

EDITORIAL LOSADA · BUENOS AIRES

"

En el cerebro humano hay cien mil
millones de neuronas

En nuestra galaxia hay cien mil
millones de estrellas

En nuestro universo hay cien mil
Millones de galaxias

En la casa del Padre hay cien mil
millones de universos

"

Atl

Capítulo XII

Esa noche una verdadera tormenta azotó el valle cimbrándolo todo hasta sus cimientos; las cañadas de Tecamachalco, Mixcoac, Santa Fe, el Ajusco y los Dinamos fluían en ríos incontenibles y Atl aprovecho su posición privilegiada para absorber la energía de los relámpagos que iluminaban las impresionantes nubes.

Sin embargo, como siempre, la tormenta pasó y un cielo estrellado apareció como bóveda de luces y poco a poco el sol naciente empezó a iluminar por el oriente; resaltando en rojos, naranjas y violetas las dibujadas siluetas de los volcanes; en donde el formidable Popo lucía una típica fumarola y la forma de mujer del Izta era totalmente discernible y sugerente.

Atl fortalecido y con gran decisión cavilaba en como resumir lección tan importante y trascendental y ya habiendo arribado a una decisión llamó a Maya, que seguía soñando con los gatitos, imaginándose que les daba mamilitas mientras estos ronroneaban satisfechos sosteniéndolas con sus patitas.

Atl le dijo sin pensarlo más.

—¡Maya despierta, ya es hora!

Ella de inmediato abrió los ojos, pues había aprendido algo de disciplina.

Atl viéndola fijamente le dijo.

—Verás, pequeña, el Creador al imaginar la manera de construir la Creación, separó los aspectos creativos y receptivos de Sí Mismo y fue así como se imaginó a Φ y a π.

»π como el círculo y la esfera, la Madre Tierra, la superficie sobre la cual Φ se expresa a través de la infinidad de formas armónicas de vida que crecen y se nutren del principio femenino, sin el cual lo creativo no podría ni existir ni sustentarse.

Maya estaba embelesada con Atl; sus palabras eran como alimento y nutrían su entendimiento y cada vez captaba todo más rápido.

Atl, de pronto hizo un gesto y la imagen de un árbol creciendo apareció en su pantalla perceptual.

—Ahora ve como el árbol se va bifurcando siguiendo la serie armónica, primero dos ramas, una más ancha que la otra como mayor y menor; luego tres, luego cinco, luego ocho y así sucesivamente.

Maya de pronto vio asombrada como era cierto, las ramas se dividían una y otra y otra vez en su crecimiento, hasta llegar a las hojas y flores siguiendo siempre el mismo orden.

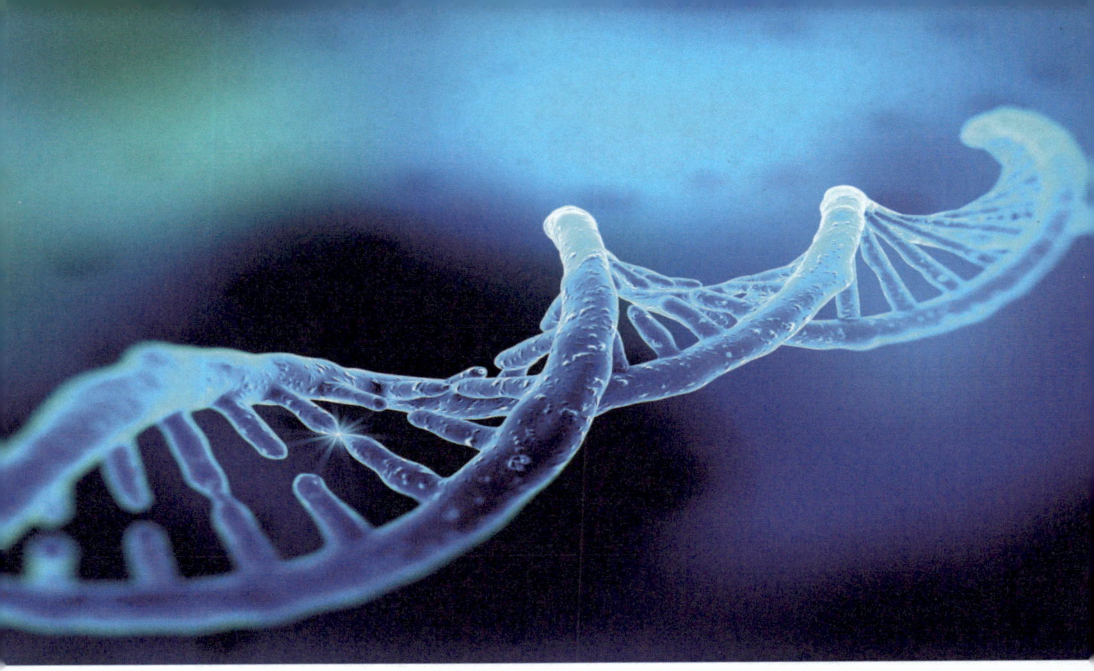

 Maya estaba embelesada por el espectáculo de luz y sonido que Atl le regalaba con la complicidad del Akasha. Maya vio como Φ era la matriz por la cual todo se manifestaba en complicidad con π.

Vio una detallada descripción en "vivo" de las proporciones del caracol de mar y entendió al fin porque el viento dentro de este sonaba igual a la respiración.

Observó incrédula como la doble hélice genética reflejaba la misma proporción en su progresión helicoidal.

Atl, de improviso tronó los dedos sacándola de sus visiones y dijo como en complicidad.

—Ahora, observa a los preciosos ejemplares de nuestra familia felina. ¿Qué opinas?

Maya observó a los gatitos que no dejaban de cazar la ondulante cola de su papá, el cuál aparentemente lo disfrutaba tanto o más que ellos.

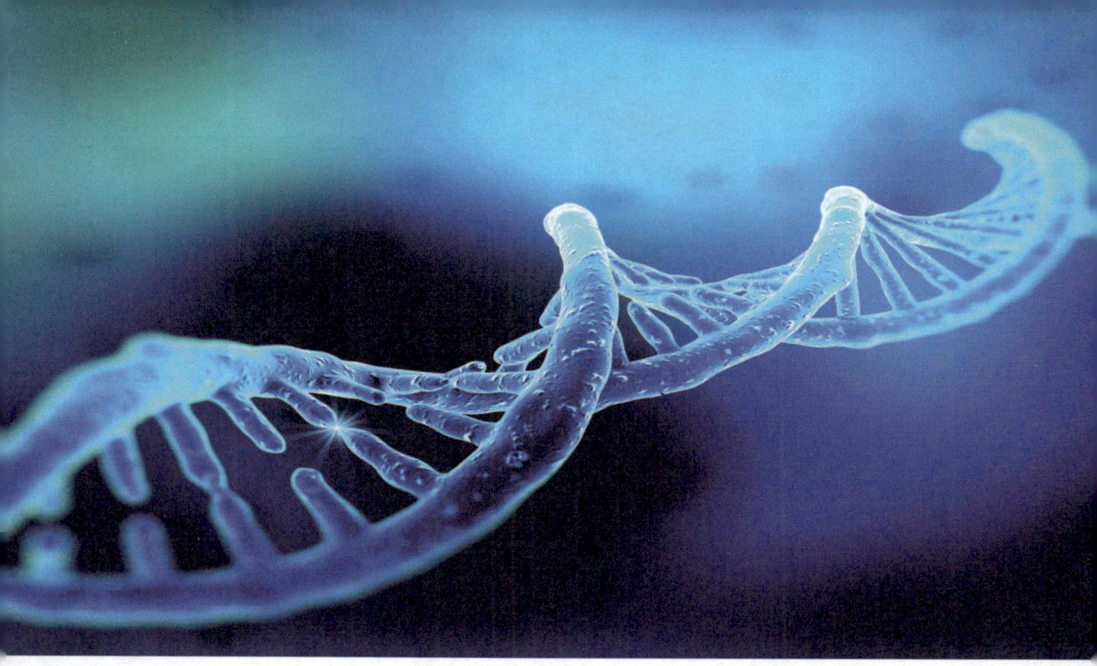

 Ella sentía que se derretía; eran perfectos, obras de arte vivientes, igual que el resto del jardín, se sintió tan conmovida que por poco se le salen las lágrimas, los mayores eran súper impresionantes, pero los bebés era tan graciosos y bonitos, todo en ellos era tierno y suavecito.

Maya sintió un hasta entonces desconocido sentimiento de maternidad; pues como ya nos había dicho, nunca había jugado a las muñecas, pero estos gatitos realmente le habían robado el corazón.

Atl vio lo conmovida que estaba y pensó que era suficiente por un día, queriendo que se llevase esta realización como algo duradero.

Maya sin darse ya cuenta, se arrulló en ese desconocido sentimiento y durante la noche tuvo sueños recurrentes donde se acurrucaba con los gatitos y estos le ronroneaban alegremente mientras le daban pequeñas morditas en sus dedos de cerámica mientras a lo lejos escuchó a Atl que le susurraba:

—Pequeñita, el propósito de entender esto, es el asombrarse con la originalidad y belleza de tal concepto y entender que ni tú, ni yo, ni ningún otro somos una casualidad, hay un patrón que permite los mecanismos para proyectar la realidad y Φ y π son la esencia; el yin y el yang,[71] el cielo y la tierra, el vivir, el morir y el renacer.

Maya de pronto tuvo una profunda epifanía[72] y finalmente algo entendió, quedando absorta en sus meditaciones y después de un rato, poquito a poco... se durmió.

Fin

de la primera parte.

Epílogo

Atl, después de contemplar todo lo anterior y concentrándose en sí mismo, alcanzó la serena certidumbre de que lo que estaba haciendo era lo correcto.

Lo realizó al comprender que entregándose al flujo del tiempo y de la acción todo era una sorpresa inesperada en su vida, la cual se había llenado de interés, Maya proveía una motivación nueva cada día, pues la tenía literalmente siempre enfrente.

Él, como surfista consumado del tiempo, navegaba siempre la imponente ola de los acontecimientos y sus consiguientes puntos de decisión y era capaz de encontrar las opciones correctas por medio de su intuición.

El nagual y el tonal; la consciencia y el ego; el vaivén del yin y el yang como aquello que todo lo permea y que sostiene a todo en la Creación.

Así que; cuando se fundió en la mente grupal del Akasha, recibió la instrucción de que su relato, de llegar a tener el tiempo suficiente, fuese en tres partes, así que, tendremos que esperar por las posibles próximas dos.

Mientras tanto, les deseamos la mejor de las suertes.

El autor.

Referencias

No.	Nota	Pag.
1	Ciudadela	26
2	Monte Albán	28
3	Atl	28
4	Atlántida	28
5	Súmer	28
6	Egipto	28
7	Ku Kul Kan	28
8	Vimana	29
9	Enki	29
10	Gilgamesh	29
11	Uruk	29
12	Akasha	29-35 44-62 84-94 110
13	Artes Toltecas	36
14	Vedas	36
15	Ramayana	36
16	Sánscrito	36
17	Hindú	36
18	Mecánica Cuántica	37
19	Newton Isaac	38
20	Consciencia	39-73-96
21	Einstein	39
22	$E=mc^2$	39
23	Velocidad de la luz	40
24	Radioactividad	44
25	Samadhi Hindu	44
26	Zatori Zen	48-53
27	Lila	48
28	Cuarzo	49
29	Yo Superior / Sobre Alma	53-85
30	Holografía	59
31	Experimentp de "Las dos ranuras"	62-73-89
32	Elohim	62
33	Teoría de los campos cuánticos / Campo de Higgs	65
34	Telescopio Hubble	68
35	Paso de Cortés	72
36	Cimática	72
37	Electro-magnetismo	72
38	Masaru Emoto	72
39	Descartes / Ejes cartesianos	78
40	4a. Dimension / Espacio-tiempo	78-96
41	Diada	83
42	Budismo	84
43	Yogas Hindúes	84
44	Artes marciales	84
45	Shao Lin	84
46	Karate Do	84
47	Zen	84
48	Anahuac	85
49	Momentos cuánticos	86
50	Principio de incertidumbre de Heisenberg	86
51	Multiverso	87
52	Ascencióm	88
53	Fractal Mandelbrot	88-89-92
54	Nagual	98
55	Tonal	98
56	Tulúm	98
57	Espíritu Santo	109
58	Raj Yoga	110
59	Krisna	110
60	Arjuna	110
61	Mahabharata	110
62	Bagavad Gita	110
63	Zoom	112
64	Número de Oro (Fi) 1.618	114
65	Pi 3.1415...	114
66	Divina proporcion	114
67	Luca Pacioli	118
68	Phidias	119
69	Fibonacci	119
70	Edades / Yugas	122
71	Yin-Yang	130
72	Epifanía	130

Glosario

1 Mercado de la Ciudadela
El mercado de La Ciudadela está a un costado de la plaza del mismo nombre donde se escenificó la Decena Trágica en 1913, se pueden encontrar artesanías a buen precio y muy bellas.
Palabras clave internet: Ciudadela, Mercado de la Ciudadela

2 Monte Albán.
Un sitio impresionante que, junto con Mitla, hacen constar lo avanzado de las culturas Mixteca y Zapoteca.
Palabras clave internet: Mitla, Monte Albán, Oaxaca, Mixteca, Zapoteca.

3 Atl
Agua en Náhuatl,
Palabras clave internet: Atl, náhuatl.

4 Atlántida
La mítica ciudad descrita por Platón en su diálogo llamado Crítias, recientemente el "Ojo de África" ha sido identificado como un muy probable sitio.
Palabras clave internet: Eye of Africa Atlantis, Atlántida, Platón, Crítias.

5 Súmer
Mesopotamia, la cuna de la civilización; es increíble que Súmer solo amerite un par de líneas en la Enciclopedia Británica, ya que como civilización apareció de repente ya formada y con elementos sumamente sofisticados de todo tipo, desde ingeniería hidráulica, trigonometría, astronomía y la escritura cuneiforme según recientes investigaciones.
Palabras clave internet: Súmer, Cuna de la humanidad Sumeria, Mesopotamia, Escritura cuneiforme.

6 Egipto

Es difícil describir la monumentalidad de las pirámides o de los templos y tumbas a lo largo del Nilo y en el Valle de los Reyes así que no lo intentaré.
Hay videos que explican las relaciones matemáticas de las pirámides y como la proporción áurea es fundamental en su diseño.
Palabras clave internet: Pirámides, Egipto, Proporción áurea en las pirámides, Valle de los Reyes, Ramsés.

7 Ku Kul Kan

Nombre original en maya de Quetzalcóatl, (la serpiente emplumada) deidad máxima en el panteón Tolteca y Meso-americano, a veces es hombre, pues en Amatlán, cerca del Tepozteco, en la placita hay una placa que dice parafraseando: "Aquí dio sus primeros pasos con sus sandalias de oro Ce Acatl Quetzalcóatl;" en otras es el poder creativo en el universo, a nivel humano significa la ascensión de un hombre de poder, de un guerrero, como se describe en los relatos de don Juan Matus a Carlos Castaneda.
Palabras clave internet: Ku Kul Kan, Quetzalcóatl, Carlos Castaneda, don Juan Matus.

8 Vimana

Míticos vehículos voladores indios descritos en sus escrituras sagradas, tales como el Mahabharata, el Ramayana y los Vedas.
Se les describe como capaces de realizar viajes espaciales y sistemas de propulsión a base de mercurio, eran las carrozas de los dioses.
Palabra clave internet: Vimana, Viman.

9 Enki

Dentro de las tablillas de arcilla sumerias que se han encontrado, se puede leer cómo cuentan la historia de sus dioses, los Anunnaki (aquellos que del cielo bajaron) y de cómo estos Anunnaki les crearon; Enki es actor fundamental en la historia, pues después de muchos experimentos fallidos de manipulación genética con los primates más avanzados de la Tierra para crear trabajadores que les sirvieran, Enki dona a escondidas una fracción de su propio material genético y ahí surge el *Homo sapiens*, esto en contra de los deseos de Enlil, su hermano y Anu, su padre, el jefe de los Anunnaki.

Hay quienes ven en los relatos sumerios de la creación, (Génesis de Eridu) el antecedente del Génesis bíblico; es todo un tema.
Palabras clave internet: Enki, Anunnaki, Enlil, Libro de Enki, Enuma Elish. Génesis Eridu.

10 Gilgamesh
La Epopeya o Épica de Gílgamesh es el poema más antiguo de la humanidad, escrito 1500 años antes de Homero y cuenta en tablillas de arcilla en escritura cuneiforme la vida y búsqueda por la inmortalidad por parte de Gilgamesh, rey de Uruk en Súmer. Siendo él parte dios (Anunaki) y parte humana, lo cual le hace mortal, lo que genera la tensión en la historia.
El tema principal es recurrente en los anales de la humanidad.
Palabras clave internet: Gilgamesh, Epopeya de Gilgamesh, Uruk.

11 Uruk
Antigua ciudad sumeria de donde toma su nombre el actual país Irak, fue la primera y más importante ciudad en Mesopotamia y cuna de Gilgamesh y otros grandes héroes.
Palabras clave internet: Uruk.

12 Akasha
La traducción del término Akasha al español es limitada, pues se traduce como cielo o éter, lo cual podría decirse es correcto, aunque limitado, Akasha significa mucho más; significa la memoria holográfica de todo en el tiempo y fuera de él. El concepto tomó relevancia como "archivo" en occidente con Mme Blavatsky de fama teosófica.
La memoria de la creación podría ser una definición apropiada. Como el estenógrafo en un juicio, la recopilación completa de todos los datos.
Palabras clave internet: Akasha. Akasa.

13 Artes Toltecas.
Como mexicanos, en nuestra consciencia están los naguales y de cómo estos se convertían en animales. Es algo intrínseco a quiénes

somos y quien encuadró este otro mundo nuestro fue Carlos Castaneda, en la serie literaria de Las Enseñanzas de don Juan.
Palabras clave internet: Carlos Castaneda, don Juan Matos, Civilización Tolteca.

14 Vedas
Los Vedas son las escrituras más antiguas de la cultura india, siendo el Rig Veda el primero y más importante, obra monumental, que de manera increíble fue originalmente mantenida oralmente en sánscrito, los otros Vedas son secciones del Rig Veda comentadas y plasmadas finalmente por escrito para la posteridad.
Base y origen de todas las religiones y mística hindúes.
Palabra clave internet: Vedas, Hinduismo.

15 Ramayana
Esta obra narra la historia del príncipe Rama (encarnación del dios Shiva) y su esposa Sita en más de 24,000 versos, está escrito en sánscrito y nos cuenta las aventuras de Rama para rescatar a Sita, secuestrada por el malvado Ravana y mantenida prisionera en la actual Sri Lanka, una gran isla separada del subcontinente indio por un estrecho.
En la historia, Rama construye un puente con un ejército de miles de monos y finalmente rescata a Sita.
Lo más sorprendente es que recientes fotografías de satélite muestran lo que aparentemente son los restos del puente construido por Rama, lo que de manera increíble daría cierta validez histórica a la obra, hasta ahora considerada en occidente como mítica.
Palabras clave internet: Rama's bridge image, Rama, Ramayana.

16 Sánscrito
El idioma sánscrito es el más antiguo y de donde descienden las lenguas indo-europeas, durante muchos siglos fue solamente oral manteniendo increíblemente obras monumentales en versos memorizados como los Vedas, los Upanishads y otros.
Palabra clave internet: Sánscrito.

17 Hindú
Es la religión dominante en la India, la cual engloba a todas las distintas ramas de esta.
Palabras clave internet: Religión hindú, Hindú.

18 Mecánica cuántica
Es la rama de la física que se encarga del estudio de las partículas atómicas y sub-atómicas y sus leyes, las cuales a ese nivel infinitesimal son totalmente distintas a las de la física clásica, ya que en esta siempre es posible determinar la posición y velocidad de un objeto en el espacio, sin embargo, en la mecánica cuántica solo se pueden determinar sus probabilidades.
Palabras clave internet: Mecánica cuántica, Quantum Mechanics The Royal Institution,

19 Isaac Newton
Científico y matemático inglés del siglo XVII que en su libro *Principia Matemática* establece las bases para las Leyes que llevan su nombre. Su visión del funcionar del universo no tuvo rival sino hasta la llegada de la Mecánica Cuántica en el siglo XX.
Palabras clave internet: Newton, Leyes de Newton.

20 Consciencia
Esta es la definición en un diccionario "En psicología, es el conocimiento pleno que el ser humano tiene sobre sí mismo, el mundo y las circunstancias."
El debate entre si la consciencia es un sub-producto de la materia o lo contrario continúa, Atl en este libro nos explica su punto de vista.
Palabra clave internet: Consciencia, conciencia.

21 Albert Einstein
Físico alemán de fama mundial, creador de la Teoría de la Relatividad, de los conceptos del espacio-tiempo y de la famosísima fórmula $E = mc^2$.
Palabra clave internet: Albert Einstein.

22 E = mc^2
En esta famosa ecuación, Einstein comprueba que la energía E en cualquier partícula es igual a su masa m multiplicada por c, la velocidad de la luz al cuadrado y aunque él siempre fue un pacifista, se le considera el "Padre de la bomba atómica," cuyo desarrollo conceptual se basó precisamente en esta ecuación.
Palabra clave internet: E=mc^2

23 Velocidad de la luz.
La velocidad de la luz se redondea a 300,000 km/sec, y es una constante universal, considerándose que nada puede moverse más rápido que esta, sin embargo, en la física cuántica hay un fenómeno denominado "entrelazamiento cuántico" (quantum entanglement) predicho por Einstein y el término introducido por Schrödinger en 1935 y es una paradoja sin equivalencia en la física clásica y consiste en que si dos partículas interaccionan, quedan entre sí "entrelazadas" y aunque se les separe a distancias inmensas, están en comunicación instantánea, lo que va contra el límite establecido por la velocidad de la luz, es todo un tema irresoluto hasta hoy.
Palabras clave internet: Velocidad de la luz, Entrelazamiento cuántico.

24 Radioactividad
Se denomina como radioactividad a la fuga o expulsión (radiación), de ondas o partículas subatómicas de los núcleos de elementos inestables o radioactivos; es altamente dañina para la vida pues altera el material genético y es uno de los sub productos más nocivos de las explosiones atómicas, pues permanece en el ambiente por larguísimos periodos.
Palabra clave internet: Radioactividad

25 Samadhi.
El Samadhi es el último y primordial objetivo de la meditación y consiste en la fusión de la mente y consciencias propias con la Mente y la Consciencia universales, El Creador, Dios, etc. El uso de mantras aunque positivo, no lleva a este fin último, ya que la mente

continúa en acción al pronunciar el mantra. El enfoque de la mente en la propia respiración o "Espíritu Santo" en occidente y en la India el Prana -literalmente "aire inspirado" en sánscrito, es el método escondido literalmente bajo nuestras narices.
Palabra clave internet: Samadhi.

26 Satori Zen
Termino japonés que es el equivalente exacto del Samadhi hindú, pero para el budismo y el taoísmo; se le traduce comúnmente como iluminación y elevación.
Palabra clave internet: Satori.

27 Lila
Palabra en sánscrito que literalmente significa, "pasatiempo," "juego" o "diversión" y en el contexto de las historias de las vidas de Krishna y Rama, considerados encarnaciones divinas, eran los juegos y enseñanzas que compartían con sus devotos. En un contexto más universal, se contempla a la creación en su conjunto como el "Lila" del Creador, o sea Su pasatiempo.
Palabras clave internet: Lila hindú.

28 Cuarzo
El cuarzo es el segundo mineral en abundancia en la Tierra y está compuesto de un átomo de Sílice y dos de Oxígeno (SiO_2), tiene capacidades eléctricas y también se le asocian atributos metafísicos; se le utiliza en relojes eléctricos sin baterías, gemas, etc.
Palabra clave internet: Cuarzo

29 Yo Superior/Sobrealma
Estos conceptos son intercambiables, aunque el concepto sobrealma es introducido mundialmente en el material de los Mensajes en Operation Terra canalizados por la Sra. Sara Estes. Ambos implican la consciencia individual, el Atman hindú, que controla, supervisa y a la vez evoluciona hacia la perfección a través de las experien-

cias mundanas de cada una de sus encarnaciones en el tiempo, la sobrealma se encuentra fuera del tiempo lineal.
Palabras clave internet: Yo superior, operationterra.com

30 Holografía
Hace muchos años tuve la fortuna de presenciar el eclipse total de sol de 1970 en Puerto Escondido, una experiencia inolvidable, donde pude ver la profundidad del espacio, pero ese es otro tema, lo interesante es que vi en vivo el principio de la holografía, pues mientras el eclipse avanzaba, los rayos de luz filtrándose a través del follaje proyectaban en la arena claramente el avance paulatino del eclipse repetido en un manto sobre la arena incontables veces, que es el mismo efecto del obturador de la cámara fotográfica
La holografía es igual, el haz de luz de referencia contiene en cada punto en sí a toda la imagen y el haz de trabajo saca los detalles generales y finos de la imagen completa de manera que esta se proyecta de manera tridimensional.
Palabra clave internet: Holografía.

31 Experimento de las dos ranuras.
Este experimento es el cual enfatiza el "misterioso" e "increíble carácter del accionar del universo a nivel infinitesimal cuántico. En donde la probabilidad de que una partícula se materialice en un punto cualquiera al ser observada ya está aceptado y sucede cuando se "colapsa la función de onda" y la partícula aparece por la influencia del observador. Recientemente este concepto ha dado origen a múltiples especulaciones acerca de la naturaleza holográfica de la realidad y la pregunta de si vivimos en una simulación.
Palabras clave internet: Experimento de las dos ranuras, experimento doble ranura.

32 Elohim
El término *elohim* en español en el Génesis en la Biblia está mal traducido como Dios en singular, ya que en hebreo es un término plural que significa "dioses," no Dios, (Los dioses crearon el cielo y la tierra) *eloha* es el singular, por lo tanto, El Creador creó todo

utilizando a sus primeros hijos, los *elohim*, que son los 144,000 que crearon esta creación. Según las Huestes Celestiales en operationterra.com, son iguales al Creador, la única diferencia es que tienen límite y el Creador no.
Palabras clave internet: *Elohim*, *Eloha*, operationterra.com.

33 Teoría de campos cuánticos
El universo es un campo compuesto por infinidad de sub campos ad infinitum.
Lo estudiado a nivel académico comprueba a nivel infinitesimal lo que sucede a nivel macro.
Los antiguos lo llamaban el "éter," es este mar de Dios en el que nos movemos y existimos.
Palabras clave internet: Los campos cuánticos, los verdaderos ladrillos del universo. The Royal Institute. The real building blocks of the Universe (discourse).

34 Hubble
Este famoso telescopio nos ha dado con todas sus peripecias, las imágenes más increíbles y asombrosas del universo hasta donde se ha podido, que ha sido mucho y hay que disfrutarlas.
Acerca del movimiento helicoidal del sol alrededor del centro galáctico los videos de DJSadhu son excepcionales y altamente recomendables.
Palabras clave internet: Hubble, Hubble videos, DJSadhu The Helical Model.

35 Paso de Hernán Cortés
Por ahí pasó Cortés cuando por primera vez admiró a la Gran Tenochtitlán en todo su esplendor y gloria, sin embargo, también tiene otro ángulo impresionante, que es la vista desde el propio valle hacia los volcanes, siendo un espectáculo único ver salir el sol entre las siluetas del Popo y del Izta sobre una niebla que se levanta.
Palabra clave internet: Paso de Cortés.

36 Cimática

La cimática es una ciencia experimental en donde se hace vibrar una placa de metal por medio de un emisor de frecuencias; sobre la placa se colocan ya sea sustancias coloidales o arena y al activar el emisor, -un bowl tibetano también funciona- las partículas de masa se excitan formando patrones geométricos, del tipo representado en la geometría sagrada y la proporción áurea en patrones radiales. Muy interesante y revelador.
Palabra clave internet: Cimática.

37 Electromagnetismo

El electromagnetismo lo comprobó el inglés Michael Faraday al realizar un excepcional experimento en el auditorio del Royal Institute en 1846 en Londres frente a la sociedad científica inglesa; después de mucha fanfarria, colocó dos helicoides de cobre una dentro de la otra, creando un campo magnético, del cual activó a medio metro de distancia un voltímetro cuya aguja detecto el voltaje sin cable alguno; ¡cosa maravillosa y casi de magia para esa época!, esto estableció las bases para la teoría de campos cuánticos, la cual postula que todo en el universo es un solo campo, con muchos sub campos.
Palabras clave internet: Faraday. Ley de Faraday, Royal Institute quantum field theory.

38 Masaru Emoto

Autor de varios libros, entre ellos "Mensajes del agua", este doctor japonés ya fallecido, relata sus investigaciones acerca de la capacidad del agua para recibir y almacenar información transmitida por sonidos e incluso pensamientos e intenciones.
De acuerdo a lo positivo y armonioso del pensamiento o música expuesta al agua, esta, al congelarse forma cristales de geometrías bellas, pero si los pensamientos son negativos o los sonidos cacofónicos, los cristales son torcidos y poco agradables.
Palabras clave internet: Masaru Emoto. Mensajes del agua, Oráculo de los cristales de agua.

39 Ejes cartesianos

Los ejes cartesianos creados por René Descartes se utilizan para graficar funciones en un plano, usualmente con dos ejes "X" y "Y", para encontrar y graficar volúmenes se les añade el eje "Z" y así lograr tercera dimensión. Hace años era difícil dibujar estas funciones en geometría descriptiva, sin embargo, con el advenimiento de las computadoras y los programas CAD de diseño, se pueden hacer representaciones fidedignas de conceptos tridimensionales llamadas "renders".

Palabras clave internet: Ejes cartesianos, Diseño CAD.

40 4a. Dimensión, Espacio-tiempo, relatividad

La cuarta dimensión en física consiste en simplemente considerar a las tres dimensiones espaciales (altura, ancho y profundidad) cómo moviéndose en el tiempo y de ahí con sus cálculos matemáticos, Einstein demostró que el tiempo corre a velocidades distintas entre objetos moviéndose divergentemente entre sí hasta cercanos a la velocidad de la luz y es uno de los pilares de la Teoría de la relatividad. No confundirla con 4a. Densidad, que es el siguiente paso vibratorio arriba de nuestra 3a. densidad actual.

Palabras clave internet: 4a. dimensión, Relatividad, Espacio-tiempo.

41 Díada

Díada significa la división de la unidad (mónada) en dos. Filosóficamente significa los opuestos, positivo y negativo, el cielo y la tierra, el yin y el yang.

Palabras clave internet: Díada, Yin y yang.

42 Budismo zen

Religión iniciada por los seguidores del Buda, la cual enfatiza la meditación en posición sentada y la contemplación de la respiración en la búsqueda del Satori y del Samadhi.

Palabra clave internet: Budismo zen. Satori.

43 Yogas hindúes

El término significa unión y en su práctica se busca la unión con lo divino, hay cinco principales; el Bakti yoga (unión a través de la devoción), el Gñana yoga (unión a través del intelecto), el Hatha yoga (unión a través del ejercicio y maestría del cuerpo físico) y el Karma yoga (la unión a través del servicio y el trabajo) y el más importante, el Raja yoga (unión a través de las técnicas secretas de la meditación).

Palabra clave internet: Yogas hindúes.

44 Artes marciales

Se considera al Kung Fu como la madre de todas las artes marciales derivadas del Tai Chi, en Japón se adaptaron con el sufijo Do (Karate Do, Judo, Kendo, etc.) y en Corea el Taekwondo. Consiste en técnicas de defensa y ataque perfeccionadas y categorizadas de acuerdo a su dificultad y necesidad de concentración y habilidad.

Palabras clave internet: Artes marciales.

45 Shaolin

Monasterio budista ubicado en la provincia de Henan en China, es famosísimo por ser cuna del Kung fu y fue popularizado en la serie de la década de 1960 Kung Fu y por el desaparecido Bruce Lee. Su filosofía se distingue por proponer la no violencia budista mientras que utiliza las artes marciales para el desarrollo físico, mental y espiritual de los monjes.

Palabra clave internet: Shaolin.

46 Karate

El karate es originario de la isla japonesa de Okinawa, desde donde se popularizó a todo Japón, existen distintos estilos, tales como el Shito Ryu y el Shoto Kan. Pero todos se han derivado originalmente del Kung Fu.

Palabra clave internet: Karate

47 Zen

Ver budismo zen No.42

48 Anáhuac
Nombre en náhuatl a la meseta central de la República Mexicana, que se encuentra a unos 2200 m. sobre el nivel del mar y entre las sierras Madre Oriental y Occidental y que tiene en su centro al Valle de México, también conocido como el Valle del Anáhuac.
Palabras clave internet: Meseta central, Anáhuac.

49 Momentos cuánticos
Es la teoría derivada del principio de incertidumbre de Werner Heisenberg, de que, en cada momento del tiempo, debido a que es imposible saber la posición y la velocidad de una partícula simultáneamente, es posible que estas partículas existan en todas las posiciones posibles al unísono, generando el concepto del multiverso.
Palabras clave internet: Multiverso, momento cuántico, Werner Heisenberg.

50 Principio de incertidumbre de Heisenberg
Este principio postula la imposibilidad de poder determinar simultáneamente la posición y la velocidad de una partícula sub atómica, a diferencia de la física clásica en donde hacer esto es bastante fácil, como determinar a qué velocidad va un automóvil y cuál es su posición en la carretera a cada momento, como en los sistemas de GPS. (Global Positioning System)
Esto es a causa de que la partícula se hace "sólida" en el momento en que se le mide, lo que llaman los físicos cuánticos "el colapso de la función de onda," por lo tanto, en el momento que tratan de medir su velocidad, la partícula simplemente aparece estática, haciendo imposible tal medición, como se ejemplifica en este principio.
Palabras clave internet: Principio de Heisenberg.

51 Multiverso
El concepto del multiverso se ha popularizado a partir de especulaciones surgidas de la naturaleza cuántica de la realidad y de paradojas como el principio de Heisenberg y la interpretación de Copenhagen de Schrödinger, donde; en el primero, si la onda se colapsa y aparece la partícula en un sitio específico, la posibilidad

existe de que en el tiempo, en cada momento cuántico, las partículas existan simultáneamente, pero en universos paralelos y la segunda interpreta el hecho de que la materia existe en dos estados, como materia y como onda, el Gato de Schrödinger es un ejemplo donde este vive y está muerto simultáneamente.
Palabras clave internet: Multiverso, Universos paralelos. Gato de Schrödinger.

52 Ascensión
En este contexto, el concepto de ascensión se difundió mundialmente con la Ascensión de Jesús, la cual implicó que después de su muerte física, su ser empezó a vibrar a tan alta vibración que su cuerpo cruzó el umbral entre la 3a. densidad y la 4a. desapareciendo por completo de este plano, para regresar posteriormente para probar que estaba vivo.
Palabras clave internet: Ascensión, Ascensión de Jesús.

53 Fractales
Un fractal es una función o reciclado (iteración) de una ecuación matemática a la cual se le van dando valores dentro de un rango. La proporción áurea juega un papel fundamental por ser (1.618) -el número de oro- un número irracional e infinito, todas las evidencias en la naturaleza apuntan a que así es cómo el Creador crea la realidad. Hay un programa en la red llamado Fractal Xtreme en donde se pueden explorar por horas estas formas fascinantes.
Palabras clave internet: Fractales, Mandelbrot, Fractal Xtreme.

54 Nagual
El concepto del Nagual en México es prevalente en la cultura popular y todos alguna vez hemos escuchado acerca de estos hechiceros o brujas capaces de transformarse en animales etc. Se presupone que todos tenemos un Nagual y un Tonal, siendo el Nagual la parte mágica y el Tonal la realidad del día a día. La descripción más acertada y completa de este mundo original meso-americano, está en la serie de libros de Carlos Castaneda, aunque han surgido otros posteriormente.

Palabras clave internet: Carlos Castaneda, Enseñanzas de don Juan, Nagual, Nahual.

55 Tonal
Es la contraparte del nagual, el tonal significa la realidad aparente que vivimos y experimentamos día a día, un Nagual u hombre de poder puede ver detrás del tonal y percibir las energías que sostienen a todo, dentro de la cosmogonía tolteca, Kukulkán y Quetzalcóatl significan también la ascensión del hombre de poder, del guerrero hacía el siguiente escalón vibratorio.
Palabras clave internet: Nagual y tonal, Tonal y nagual.

56 Tulum
Antigua ciudad maya localizada en la costa de Quintana Roo entre Playa del Carmen y Bacalar, famosa por sus pirámides a la orilla del mar y sus arenas blancas y frescas. Se ha convertido en un destino preferido para el *jet set* internacional.
Palabra clave internet: Tulum.

75 Espíritu Santo
La raíz etimológica de espíritu es del latín *respiratus* y nos muestra que en su origen Espíritu Santo se refiere a las prácticas gnósticas de la meditación y concentración en la respiración propia.
Palabras clave internet: Espíritu Santo.

58 Raj Yoga
Este es el yoga supremo o rey y consiste en que con la ayuda de un maestro o Gurú, (quien le lleva a uno de la oscuridad a la luz) recibir cuatro técnicas de meditación, -la luz, la música, el néctar y el verbo o nombre de Dios. Actualmente es posible recibir este conocimiento a través de *Prem Pal Singh* en línea, muy recomendable y gratis.
Palabras clave internet: Prem Pal Singh, premrawat.com, Raj yoga.

59 Krishna,
60 Arjuna,
61 Mahabharata

62 Bagavad Gita

El *Bagavad Gita* es una historia fascinante y constituye una de las piedras angulares de la religión hindú, es una sección del monumental *Mahabhata* (la gran humanidad) la cual es la obra más extensa del mundo, más que la Biblia y las obras de Shakespeare e incluye al *Bagavad Gita* y al *Ramayana* en sí.

El escenario es un conflicto entre dos reinos con la característica de que toda la nobleza está emparentada.
En este contexto vemos al príncipe Arjuna como listo a ir a la guerra junto a Krishna, quien es el piloto de su carro de combate, en la historia se habla de poderosas armas y de rumores e intrigas; demonios, semidioses y otros personajes y actores.

El momento culminante de la historia con todas sus enseñanzas; es cuando, ya en formación de combate, Arjuna duda por lo fraticida de la situación y en ese momento crucial, Krishna se le revela como quien Es y le insta a cumplir su deber con desapego al resultado y acto seguido, toca a Arjuna, y este ve una luz más brillante que mil soles y así, Krishna en su infinita gracia le muestra a Arjuna la Luz del Creador dentro de sí, iniciándole en el Raj Yoga, la técnica de meditación suprema donde se comprueba la unidad con "Todo lo que Es".

Yo mantengo desde hace muchos años una copia en la traducción al inglés del "Gita" por Juan Mascaró, editada por Pinguin en Londres, la recomiendo porque da una versión totalmente entendible sin palabras en hindi.
Palabras clave: Krishna, Arjuna, Mahabharata, Bagavad Gita

63 Zoom

En el argot fotográfico zoom significa el acto de realizar un acercamiento del encuadre de la foto o película, por medio de hacer más larga la distancia entre las lentes, de las cuales, las más sofisticadas ajustan el foco instantáneamente y entre más se pueda abrir esta distancia, más potente será la lente.

Palabras clave: Zoom, Telefoto, Teleobjetivo.
Palabras clave internet: Fibonacci, Serie de Fibonacci, Serie armónica de Fibonacci.

64 Número de oro, Fi, 1.618
El número de oro es una de las maravillas de la creación, ya que es la única relación de tamaños que permite el crecimiento armónico de la vida en la naturaleza manteniendo armonía y belleza, se le denomina también la Divina Proporción.
Se basa en la máxima "La menor es a la Mayor, como la Mayor es al Todo" y ha sido ampliamente utilizada en la arquitectura y el arte desde el principio de los tiempos, ya que incluso la Gran Pirámide de Egipto es fiel a sus dictados.
Palabras clave internet: Número de oro, Divina proporción

65 Pi, 3.1416
Pi, al igual que Fi, es un número irracional e infinito, o mejor dicho, es una relación de tamaños o proporción infinita en su origen -no tienen raíz-, siendo en este caso circular y ocurre cuando la dimensión del diámetro de un círculo se divide entre su circunferencia, es por esto que uno nunca acaba de añadir decimales a la división entre estos valores, al igual que en Fi, en donde la relación entre mayor y menor; y Mayor con el Todo nunca acaba tampoco.
Palabras clave internet: Pi, números irracionales.

66 Divina proporción
67 Luca Pacioli
Durante el siglo XV surgió en Italia Fray Luca Pacioli, matemático extraordinario, autor de varias obras acerca de aritmética, matemáticas y contabilidad, ocupó la silla principal de matemáticas en Perugia y el poderoso Duque de Sforza le llevo a Venecia a vivir con Leonardo da Vinci, con el cual convivió varios años y al cual dio clases de matemáticas y proporción.
Entre sus importantes obras, destaca La Divina Proporción, en donde explica a detalle la Proporción Áurea y hace un profundo estudio de Vitruvius, arquitecto clásico romano, esta obra fue ilustrada por el propio Leonardo da Vinci.
Palabras clave internet: Divina proporción, Luca Pacioli.

68 Phidias

Fue el más grande escultor ateniense durante el siglo de Pericles (V a.C.), y dentro de sus obras maestras se cuentan la estatua de Zeus en Olimpia, incluida en las siete maravillas del mundo antiguo, además creó la estatua de Atenea en el Partenón y muchas otras obras extraordinarias y es por esta razón se denomina al número de oro (1.618) como "Fi" con la letra griega Φ en honor a Phidias, el gran maestro.
Palabra clave internet: Fidias.

69 Fibonacci

Leonardo de Pisa, también conocido como Fibonacci, fue un matemático italiano, que fue hijo del cónsul de la República de Pisa en la hoy Argelia y ahí conoció la numeración árabe venida de la India, viajó por todo el norte de África conociendo matemáticos árabes absorbiendo por completo todos sus conocimientos matemáticos y por ende indios.
Después de un par de años de recorrer el Magreb, regreso a Pisa y entendiendo que el sistema que aún se utilizaba en esa época en la hoy Italia era inferior al árabe, por el uso de los números romanos, revoluciono la aritmética y las matemáticas en Europa de manera profunda publicando muchas obras que fueron difundidas ampliamente.
Palabras clave internet: Serie armónica de Fibonacci. Fibonacci.

70 Yugas o edades

En los Vedas se explica la visión cosmológica del sistema de edades hindú o *yugas,* el cual difiere del heredado de los sumerios que consiste en dividir el llamado día platónico de 26,000 años en las doce casas astrológicas o eras con duración aproximada de 2,166 años cada una, en el que recientemente cruzamos la frontera en diciembre 2020 entre Piscis y la actual Aquario, todo esto basado en la llamada "precesión de los equinoccios".
La visión védica es distinta, dividiendo el año Platónico en cuatro eras o yugas, de decreciente duración cada una, siendo la más larga

la Sat Yuga o edad de oro, luego la de plata o Treta Yuga, la de bronce o Dvapara Yuga o la más corta y nefasta, la Kali Yuga o edad de hierro o edad oscura actual.
Palabras clave internet: Precesión de los equinoccios, año platónico, Yugas hindúes.

71 Yin y Yang
El Yin y el Yang son, en el pensamiento chino lo receptivo y lo creativo, lo femenino y lo masculino, la Tierra y el Cielo y a partir de esta díada, crearon una numerología increíble plasmada en el I Ching o Libro de los Cambios, que se considera el primer libro de "superación personal," por su uso como herramienta por el hombre superior y su accionar correcto de acuerdo a situaciones precisas, cuando es usado como oráculo.
Palabras clave internet: Yin y Yang, I ching, Confucio y el I Ching.

72 Epifanía
La palabra epifanía es entendida actualmente como una inspiración o una realización o comprensión súbita de algo y su origen como significando es "revelación", comprensión repentina, idea genial, etc., viene de la Epifanía del Señor, que se celebra el 6 de enero y que es la revelación del niño Dios a los tres Reyes Magos.
Palabra clave internet: Epifanía.

Así que con esta palabra tan esperanzadora terminamos estos comentarios.

Fotografia: Eugene Cystiakov

DOLORES MANRIQUE
Porta estandarte del Ejército libertador de los
Estados de Guanajuato y San Luis Potosí

Homenaje

Quisiera en esta oportunidad hacer un homenaje a mi abuela paterna, mi "abuelita Lolita," Maria de los Dolores Manrique Guillén (1893-1987), porque en primer lugar nadie lo ha hecho y en segundo, ya que quiero y puedo hacerlo.

Fue hija del Ing. don Refugio Manrique de Lara y doña. Seferina Guillén; él fue el administrador general de la mina de La Valenciana y otras en Guanajuato y Lolita creció en la hacienda paterna donde se beneficiaba plata igual que en muchas otras en esa época, debido a su abundancia en la economía local.

Abrazó las ideas revolucionarias de su tiempo y con su hermana Francisca -años después maestra de los "niños de Morelia"- escribían manifiestos y daban albergo a intelectuales en fuga con gran riesgo personal y familiar, personalmente escuché historias en mi niñez acerca de cómo escondían las máquinas de escribir en el cielo raso de la hacienda cuando llegaban tropas "federales."

Casó con el Dr. Estanislao Rodríguez oriundo de Arandas Jalisco, con quien aprendió medicina y cuando la hacienda fue atacada y los hombres murieron defendiéndola; Lolita, capitaneando a sus hermanos y a su mamá y con mi papá de meses escaparon por el huerto y en carreta de mulas cruzaron un territorio azotado por la guerra. Así llegaron hasta Veracruz y de ahí a La Habana, donde practicó medicina para posteriormente regresar para establecerse en Mérida por un tiempo, donde se certificó como médica partera.

Fundó en la Ciudad de México dos clínicas bastante exitosas para mujeres embarazadas, esto durante los años de 1930 y 1940 y las llamó "Clínica Moderna," la primera en la calle de Campana en Mixcoac y la otra en Tacubaya.

Durante la revolución tuvo el grado de Coronela, como consta en el libro "Los rostros de la rebeldía, Veteranas de la revolución mexicana 1910-1939," página 105, editado por el INEHRM* y fue la porta estandarte del ejército libertador de los Estados de Guanajuato y San Luis Potosí.

Ahora por mi parte; no me queda más que presentar mis respetos para un ejemplo de la determinación e inteligencia de una mujer fuerte ante la adversidad, resolviéndolo todo como la piedra de toque y el sostén de todo lo demás.

*INEHRM: Instituto Nacional de Estudios Históricos de la Revolución Mexicana.

Foto: Valentina Rodríguez Stromsted

Acerca del autor

Federico Manuel Rodríguez Lobato
(1949-...)

Nació en la calle de Poussin 25, en el entonces pueblo de Mixcoac, D.F.; lo trajo al mundo su abuela, la Dra. Dolores Manrique, exactamente donde ahora pasa la Av. Extremadura, la cual partió la casa de los abuelos por en medio; afortunadamente la familia se mudó al Pedregal donde creció.

Educado en México, EE. UU. e Inglaterra, fue maestro de diseño tanto en la UNAM como en la Ibero (UIA).

Viajó cuatro veces de intercambio a los EE. UU. durante el bachillerato y vivió tres meses en Montreal estudiando francés y tres años en Europa mientras cursaba especialidades en diseño industrial y comunicación gráfica en el Hornsey College of Art del Middlesex Polytechnic en el norte de Londres.

En la década de 1970 fue director de arte para Avon Cosmetics tanto en México como en Nueva York.

En las décadas de 1980 y 1990 fue director del Acapulco Plaza Holiday Club y del Royal Holiday Club en desarrollos en Cancún como en Cozumel y ganó medallas de oro, plata y bronce en convenciones de la A.R.D.A. (American Resort Development Association) por sus promociones de mercadotecnia y altos volúmenes de venta.

Desde el año 2000, se ha dedicado al diseño, fabricación e ingeniería de sistemas para el tratamientos de agua a base de iones de plata y magnetismo, teniendo distintas patentes a su nombre por diseños industriales, y de ingeniería, además de artículos publicados en la revista Expansión, el diario La Jornada entre otros.

Amante de la física y de las matemáticas, así como de la literatura, la filosofía y la historia, Federico en esta ópera prima nos muestra una visión *sui géneris* de la vida.

Ciudad de México, 1 de enero del 2022

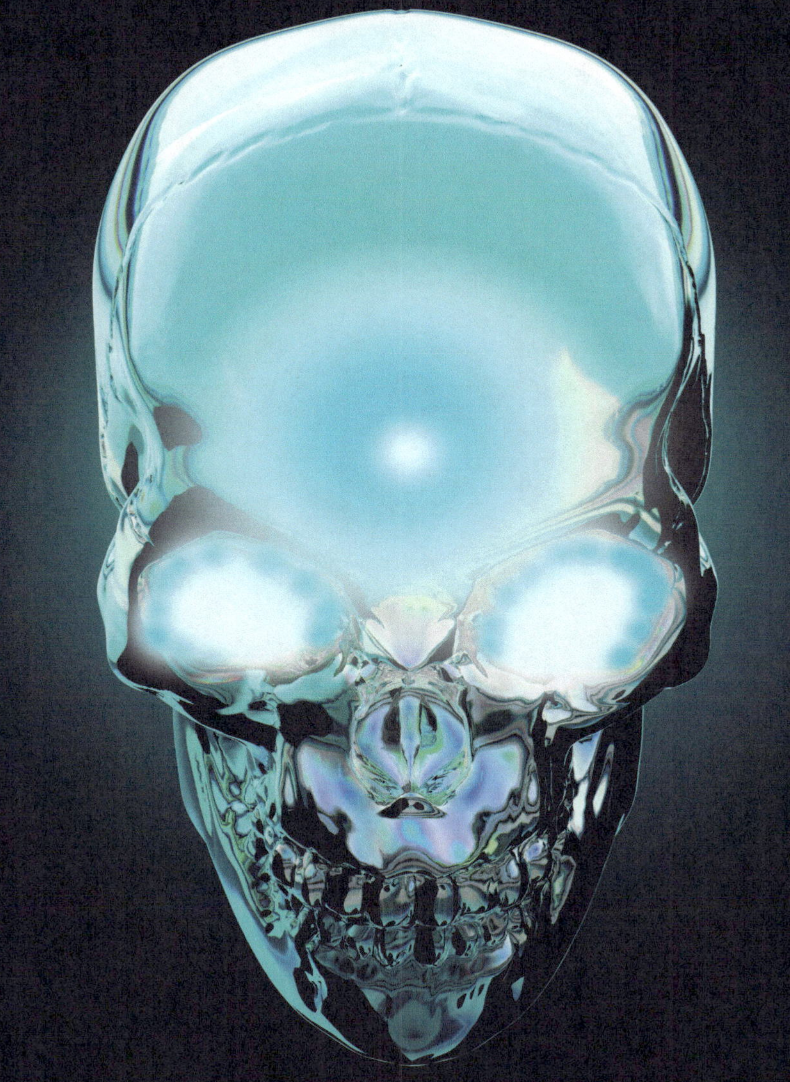

Atl: Federico Rodríguez Lobato

Made in the USA
Monee, IL
05 November 2026

67811480R00087